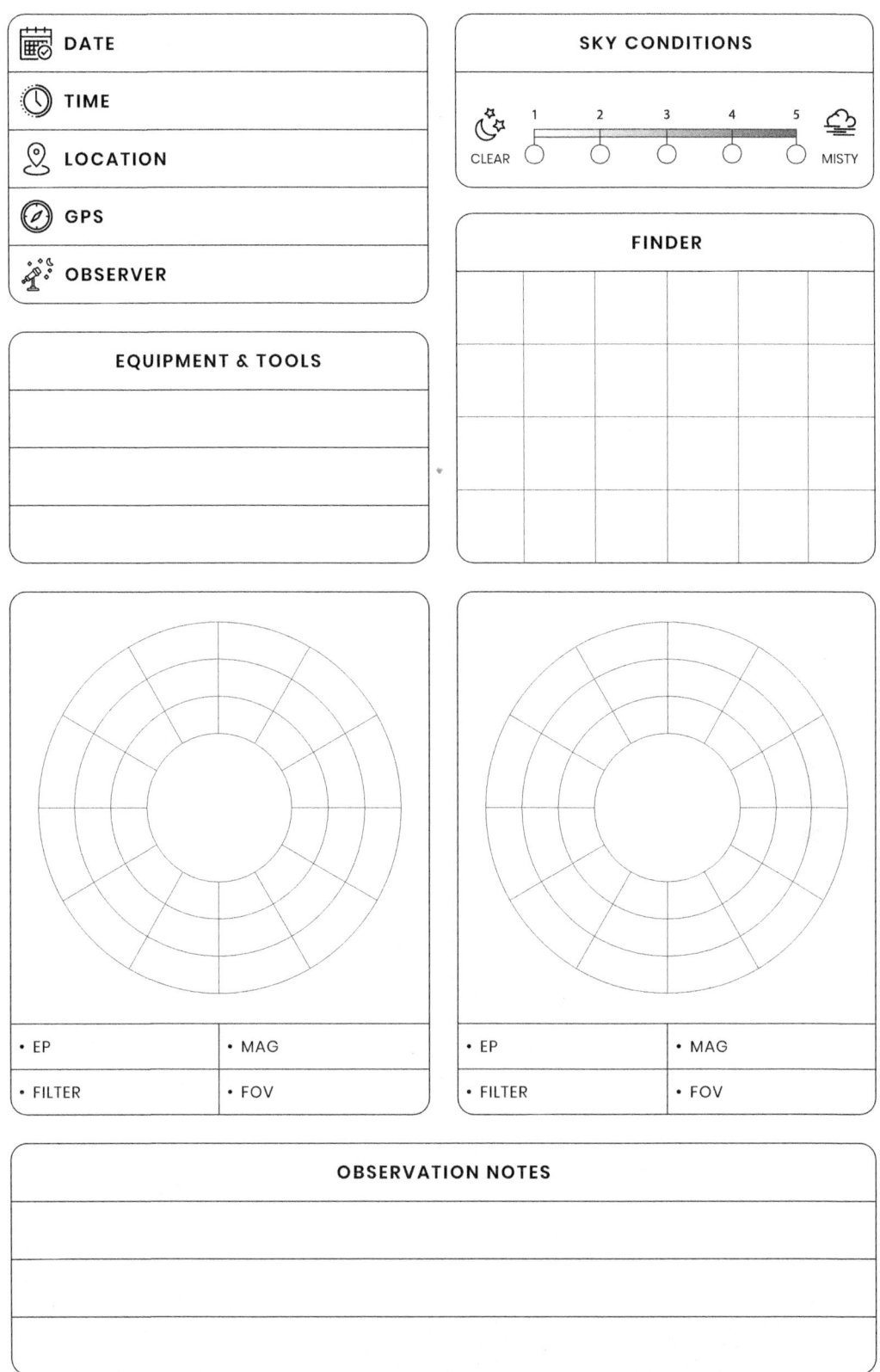

📅	**DATE**
🕐	**TIME**
📍	**LOCATION**
🧭	**GPS**
🔭	**OBSERVER**

SKY CONDITIONS

🌙 1   2   3   4   5 🌫️
CLEAR ◯   ◯   ◯   ◯   ◯ MISTY

EQUIPMENT & TOOLS

FINDER

• EP	• MAG
• FILTER	• FOV

• EP	• MAG
• FILTER	• FOV

OBSERVATION NOTES

📅 **DATE**	
🕐 **TIME**	
📍 **LOCATION**	
🧭 **GPS**	
🔭 **OBSERVER**	

SKY CONDITIONS

CLEAR 1 2 3 4 5 MISTY

EQUIPMENT & TOOLS

FINDER

- EP
- FILTER
- MAG
- FOV

- EP
- FILTER
- MAG
- FOV

OBSERVATION NOTES

📅 **DATE**	
🕐 **TIME**	
📍 **LOCATION**	
🧭 **GPS**	
🔭 **OBSERVER**	

SKY CONDITIONS

CLEAR 1 2 3 4 5 MISTY

EQUIPMENT & TOOLS

FINDER

	EP		MAG
	FILTER		FOV

	EP		MAG
	FILTER		FOV

OBSERVATION NOTES

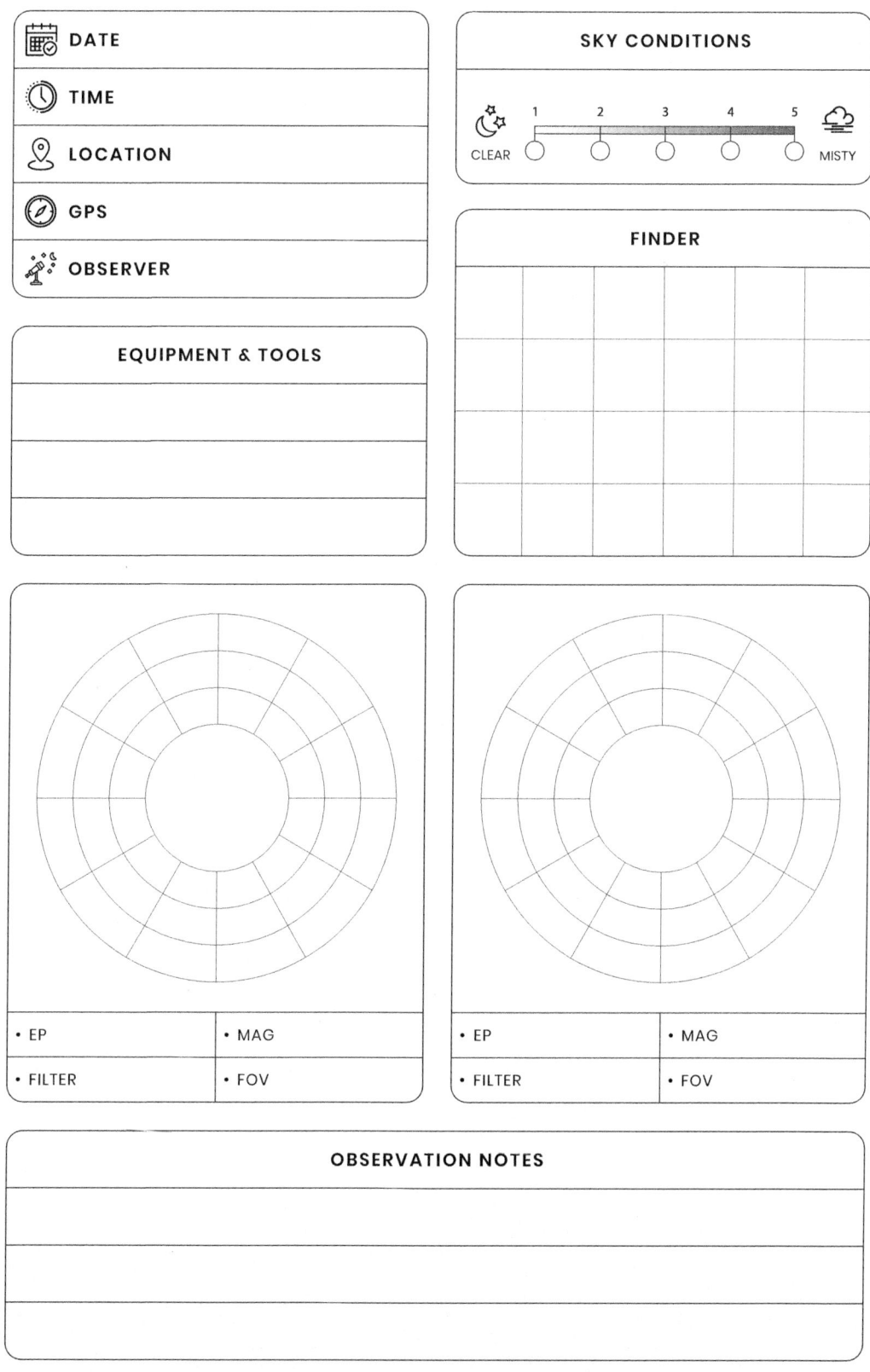

DATE

TIME

LOCATION

GPS

OBSERVER

SKY CONDITIONS

CLEAR 1 2 3 4 5 MISTY

EQUIPMENT & TOOLS

FINDER

- EP
- MAG
- FILTER
- FOV

- EP
- MAG
- FILTER
- FOV

OBSERVATION NOTES

📅 **DATE**	
🕐 **TIME**	
📍 **LOCATION**	
🧭 **GPS**	
🔭 **OBSERVER**	

SKY CONDITIONS

CLEAR 1 2 3 4 5 MISTY

EQUIPMENT & TOOLS

FINDER

- EP
- FILTER
- MAG
- FOV

- EP
- FILTER
- MAG
- FOV

OBSERVATION NOTES

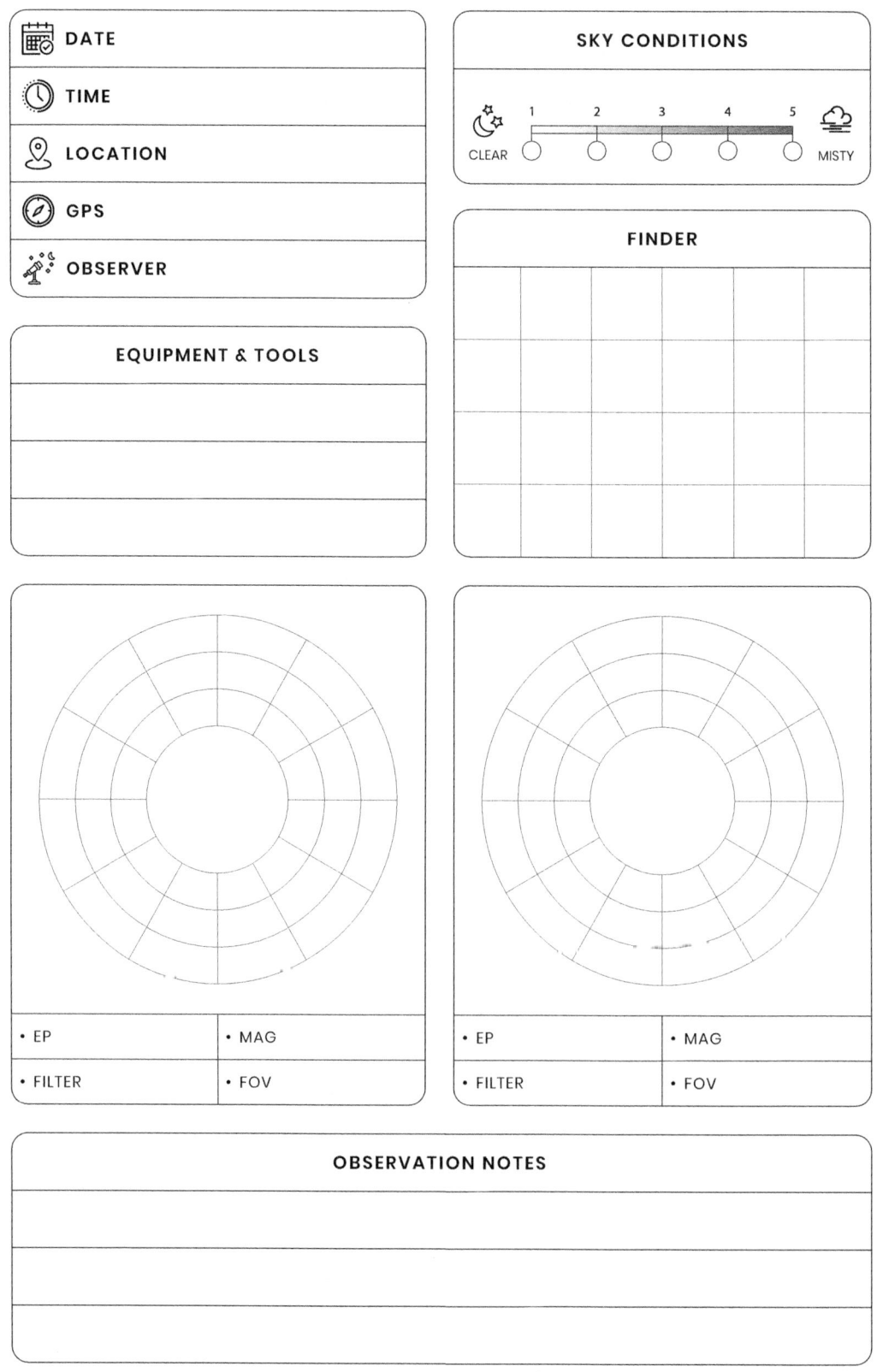

DATE

TIME

LOCATION

GPS

OBSERVER

EQUIPMENT & TOOLS

SKY CONDITIONS

CLEAR 1 2 3 4 5 MISTY

FINDER

- EP
- MAG
- FILTER
- FOV

- EP
- MAG
- FILTER
- FOV

OBSERVATION NOTES

- DATE
- TIME
- LOCATION
- GPS
- OBSERVER

SKY CONDITIONS

CLEAR 1 2 3 4 5 MISTY

FINDER

EQUIPMENT & TOOLS

- EP
- FILTER
- MAG
- FOV

- EP
- FILTER
- MAG
- FOV

OBSERVATION NOTES

📅 DATE	
🕐 TIME	
📍 LOCATION	
🧭 GPS	
🔭 OBSERVER	

SKY CONDITIONS

CLEAR 1 2 3 4 5 MISTY

FINDER

EQUIPMENT & TOOLS

- EP
- FILTER
- MAG
- FOV

- EP
- FILTER
- MAG
- FOV

OBSERVATION NOTES

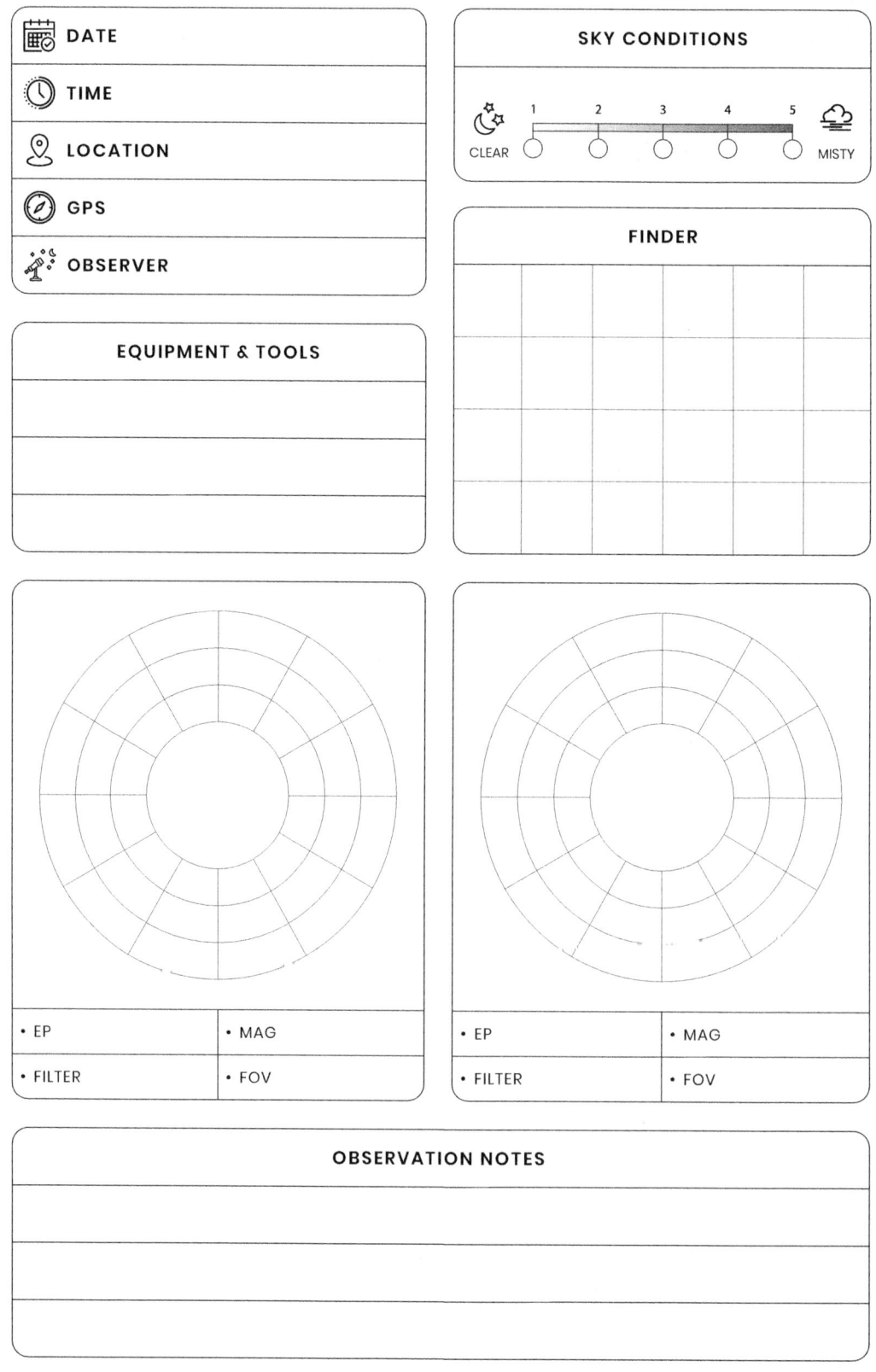

- DATE
- TIME
- LOCATION
- GPS
- OBSERVER

SKY CONDITIONS

CLEAR 1 2 3 4 5 MISTY

FINDER

EQUIPMENT & TOOLS

- EP
- FILTER
- MAG
- FOV

- EP
- FILTER
- MAG
- FOV

OBSERVATION NOTES

📅 **DATE**	
🕐 **TIME**	
📍 **LOCATION**	
🧭 **GPS**	
🔭 **OBSERVER**	

SKY CONDITIONS

🌙 1 — 2 — 3 — 4 — 5 ☁️
CLEAR ○ ○ ○ ○ ○ MISTY

EQUIPMENT & TOOLS

FINDER

• EP	• MAG
• FILTER	• FOV

• EP	• MAG
• FILTER	• FOV

OBSERVATION NOTES

📅 **DATE**	
🕐 **TIME**	
📍 **LOCATION**	
🧭 **GPS**	
🔭 **OBSERVER**	

SKY CONDITIONS

CLEAR 1 2 3 4 5 MISTY

EQUIPMENT & TOOLS

FINDER

- EP
- MAG
- FILTER
- FOV

- EP
- MAG
- FILTER
- FOV

OBSERVATION NOTES

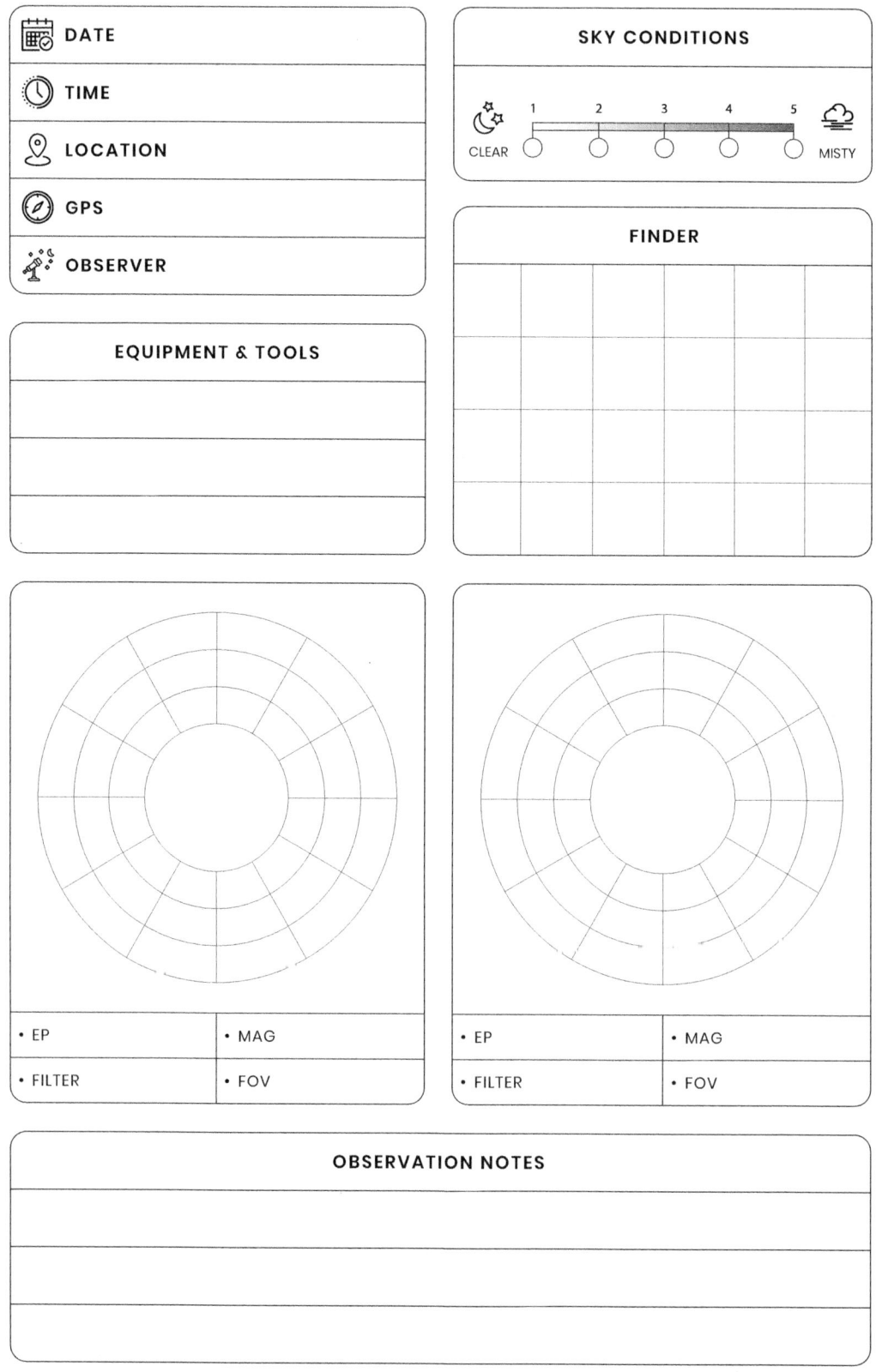

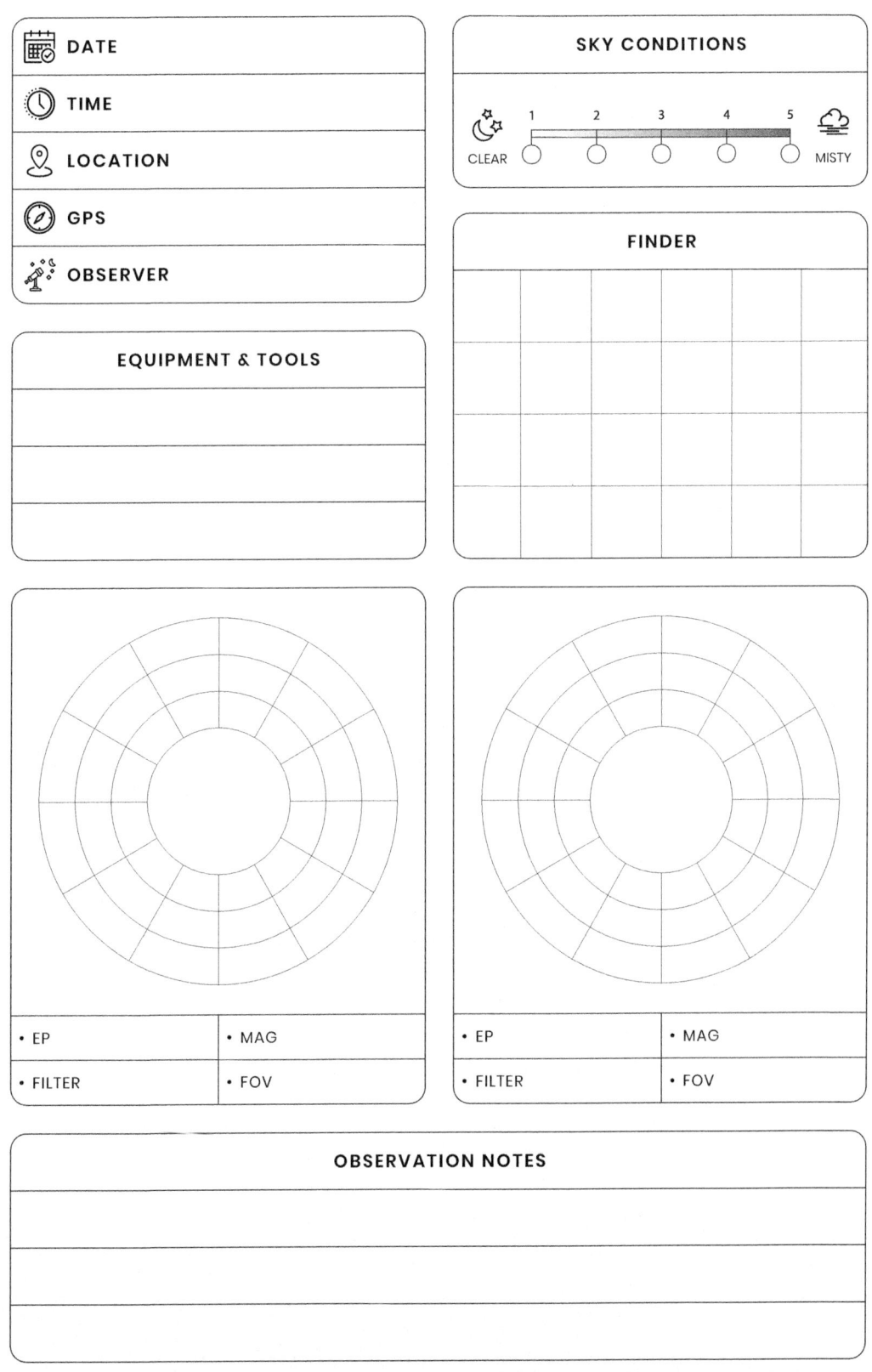

DATE

TIME

LOCATION

GPS

OBSERVER

SKY CONDITIONS

1   2   3   4   5

CLEAR — MISTY

EQUIPMENT & TOOLS

FINDER

- EP
- FILTER
- MAG
- FOV

- EP
- FILTER
- MAG
- FOV

OBSERVATION NOTES

📅 **DATE**	
🕐 **TIME**	
📍 **LOCATION**	
🧭 **GPS**	
🔭 **OBSERVER**	

SKY CONDITIONS

CLEAR 1 2 3 4 5 MISTY

EQUIPMENT & TOOLS

FINDER

• EP	• MAG
• FILTER	• FOV

• EP	• MAG
• FILTER	• FOV

OBSERVATION NOTES

📅	**DATE**
🕐	**TIME**
📍	**LOCATION**
🧭	**GPS**
🔭	**OBSERVER**

SKY CONDITIONS

CLEAR 1 2 3 4 5 MISTY

EQUIPMENT & TOOLS

FINDER

• EP	• MAG
• FILTER	• FOV

• EP	• MAG
• FILTER	• FOV

OBSERVATION NOTES

DATE

TIME

LOCATION

GPS

OBSERVER

SKY CONDITIONS

CLEAR 1 2 3 4 5 MISTY

FINDER

EQUIPMENT & TOOLS

| • EP | • MAG |
| • FILTER | • FOV |

| • EP | • MAG |
| • FILTER | • FOV |

OBSERVATION NOTES

📅 **DATE**	
🕙 **TIME**	
📍 **LOCATION**	
🧭 **GPS**	
🔭 **OBSERVER**	

SKY CONDITIONS

🌙 CLEAR — 1 — 2 — 3 — 4 — 5 — ☁️ MISTY

EQUIPMENT & TOOLS

FINDER

- EP
- FILTER
- MAG
- FOV

- EP
- FILTER
- MAG
- FOV

OBSERVATION NOTES

📅 **DATE**	
🕐 **TIME**	
📍 **LOCATION**	
🧭 **GPS**	
🔭 **OBSERVER**	

SKY CONDITIONS

CLEAR 1   2   3   4   5 MISTY

EQUIPMENT & TOOLS

FINDER

• EP	• MAG
• FILTER	• FOV

• EP	• MAG
• FILTER	• FOV

OBSERVATION NOTES

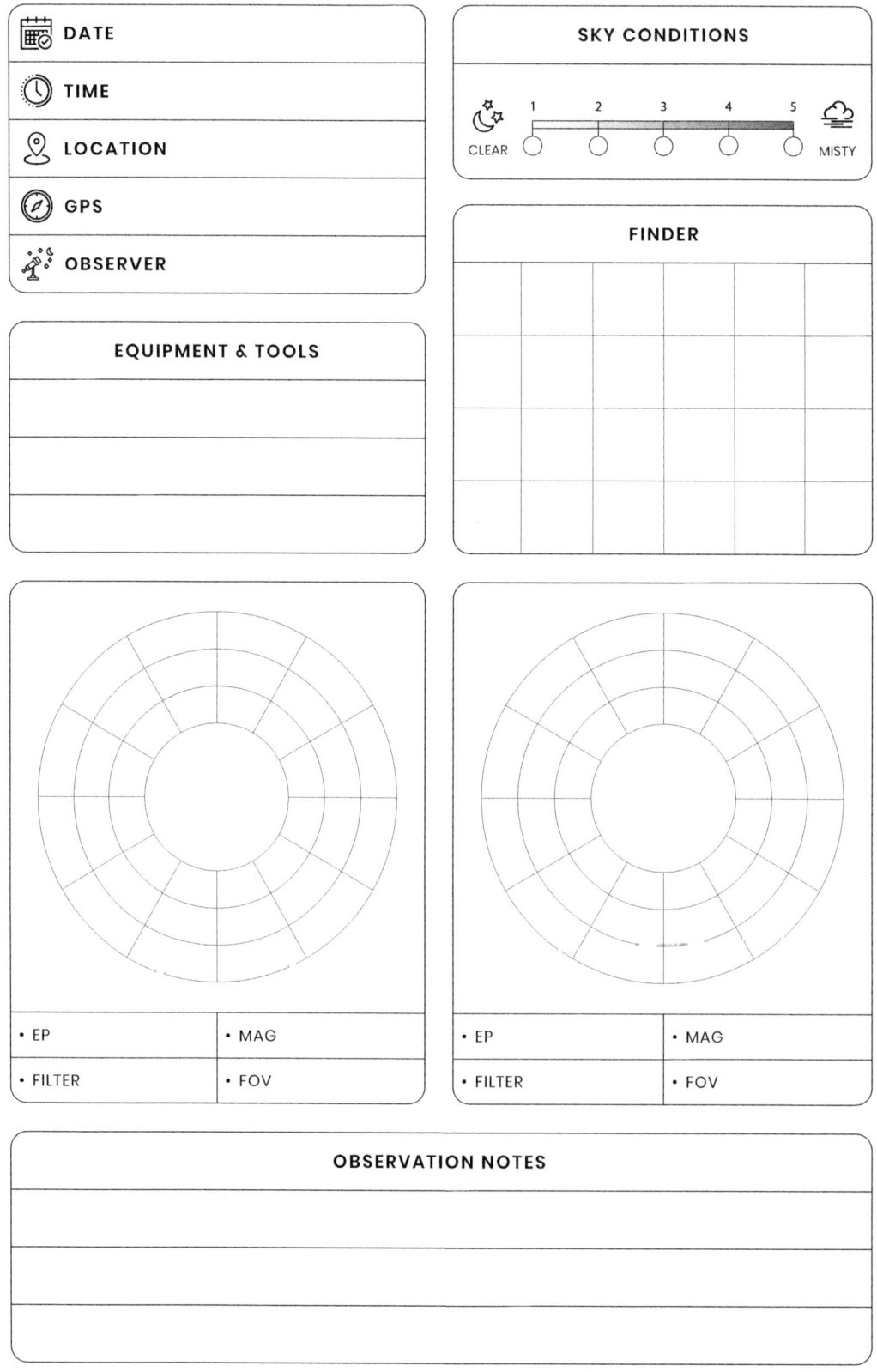

DATE	
TIME	
LOCATION	
GPS	
OBSERVER	

SKY CONDITIONS

CLEAR 1 2 3 4 5 MISTY

FINDER

EQUIPMENT & TOOLS

- EP
- FILTER
- MAG
- FOV

- EP
- FILTER
- MAG
- FOV

OBSERVATION NOTES

	DATE
	TIME
	LOCATION
	GPS
	OBSERVER

SKY CONDITIONS

CLEAR 1 2 3 4 5 MISTY

EQUIPMENT & TOOLS

FINDER

- EP
- MAG
- FILTER
- FOV

- EP
- MAG
- FILTER
- FOV

OBSERVATION NOTES

DATE

TIME

LOCATION

GPS

OBSERVER

SKY CONDITIONS

CLEAR 1 2 3 4 5 MISTY

FINDER

EQUIPMENT & TOOLS

- EP
- FILTER
- MAG
- FOV

- EP
- FILTER
- MAG
- FOV

OBSERVATION NOTES

- DATE
- TIME
- LOCATION
- GPS
- OBSERVER

SKY CONDITIONS

CLEAR 1 2 3 4 5 MISTY

FINDER

EQUIPMENT & TOOLS

• EP	• MAG
• FILTER	• FOV

• EP	• MAG
• FILTER	• FOV

OBSERVATION NOTES

📅 **DATE**	
🕐 **TIME**	
📍 **LOCATION**	
🧭 **GPS**	
🔭 **OBSERVER**	

SKY CONDITIONS

CLEAR 1 2 3 4 5 MISTY

FINDER

EQUIPMENT & TOOLS

• EP	• MAG
• FILTER	• FOV

• EP	• MAG
• FILTER	• FOV

OBSERVATION NOTES

📅 DATE	
🕐 TIME	
📍 LOCATION	
🧭 GPS	
🔭 OBSERVER	

SKY CONDITIONS

CLEAR 1   2   3   4   5 MISTY

EQUIPMENT & TOOLS

FINDER

- EP
- FILTER
- MAG
- FOV

- EP
- FILTER
- MAG
- FOV

OBSERVATION NOTES

- **DATE**
- **TIME**
- **LOCATION**
- **GPS**
- **OBSERVER**

SKY CONDITIONS

CLEAR 1 2 3 4 5 MISTY

FINDER

EQUIPMENT & TOOLS

- EP
- MAG
- FILTER
- FOV

- EP
- MAG
- FILTER
- FOV

OBSERVATION NOTES

📅 **DATE**	
🕐 **TIME**	
📍 **LOCATION**	
🧭 **GPS**	
🔭 **OBSERVER**	

SKY CONDITIONS

☾✦ CLEAR — 1 — 2 — 3 — 4 — 5 — ☁ MISTY

EQUIPMENT & TOOLS

FINDER

- EP
- MAG
- FILTER
- FOV

- EP
- MAG
- FILTER
- FOV

OBSERVATION NOTES

DATE
TIME
LOCATION
GPS
OBSERVER

SKY CONDITIONS

CLEAR 1 2 3 4 5 MISTY

EQUIPMENT & TOOLS

FINDER

- EP
- MAG
- FILTER
- FOV

- EP
- MAG
- FILTER
- FOV

OBSERVATION NOTES

📅	**DATE**
🕐	**TIME**
📍	**LOCATION**
🧭	**GPS**
🔭	**OBSERVER**

SKY CONDITIONS

CLEAR 1 2 3 4 5 MISTY

EQUIPMENT & TOOLS

FINDER

- EP
- MAG
- FILTER
- FOV

- EP
- MAG
- FILTER
- FOV

OBSERVATION NOTES

	DATE
	TIME
	LOCATION
	GPS
	OBSERVER

SKY CONDITIONS

CLEAR 1 2 3 4 5 MISTY

EQUIPMENT & TOOLS

FINDER

- EP
- MAG
- FILTER
- FOV

- EP
- MAG
- FILTER
- FOV

OBSERVATION NOTES

DATE	
TIME	
LOCATION	
GPS	
OBSERVER	

SKY CONDITIONS

CLEAR 1 2 3 4 5 MISTY

EQUIPMENT & TOOLS

FINDER

- EP
- FILTER
- MAG
- FOV

- EP
- FILTER
- MAG
- FOV

OBSERVATION NOTES

📅 **DATE**	
🕐 **TIME**	
📍 **LOCATION**	
🧭 **GPS**	
🔭 **OBSERVER**	

SKY CONDITIONS

🌙✨ 1   2   3   4   5 ☁️
CLEAR ○ ○ ○ ○ ○ MISTY

EQUIPMENT & TOOLS

FINDER

• EP	• MAG
• FILTER	• FOV

• EP	• MAG
• FILTER	• FOV

OBSERVATION NOTES

📅 **DATE**	
🕐 **TIME**	
📍 **LOCATION**	
🧭 **GPS**	
🔭 **OBSERVER**	

SKY CONDITIONS

CLEAR 1 ○ 2 ○ 3 ○ 4 ○ 5 ○ MISTY

EQUIPMENT & TOOLS

FINDER

• EP	• MAG
• FILTER	• FOV

• EP	• MAG
• FILTER	• FOV

OBSERVATION NOTES

- DATE
- TIME
- LOCATION
- GPS
- OBSERVER

SKY CONDITIONS

CLEAR 1 2 3 4 5 MISTY

FINDER

EQUIPMENT & TOOLS

- EP
- FILTER
- MAG
- FOV

- EP
- FILTER
- MAG
- FOV

OBSERVATION NOTES

📅 **DATE**	
🕐 **TIME**	
📍 **LOCATION**	
🧭 **GPS**	
🔭 **OBSERVER**	

SKY CONDITIONS

CLEAR 1 2 3 4 5 MISTY

EQUIPMENT & TOOLS

FINDER

• EP	• MAG
• FILTER	• FOV

• EP	• MAG
• FILTER	• FOV

OBSERVATION NOTES

📅 **DATE**	
🕐 **TIME**	
📍 **LOCATION**	
🧭 **GPS**	
🔭 **OBSERVER**	

SKY CONDITIONS

🌙✨ CLEAR — 1 — 2 — 3 — 4 — 5 — ☁️ MISTY

EQUIPMENT & TOOLS

FINDER

• EP	• MAG
• FILTER	• FOV

• EP	• MAG
• FILTER	• FOV

OBSERVATION NOTES

DATE	
TIME	
LOCATION	
GPS	
OBSERVER	

SKY CONDITIONS

CLEAR 1 2 3 4 5 MISTY

FINDER

EQUIPMENT & TOOLS

• EP	• MAG
• FILTER	• FOV

• EP	• MAG
• FILTER	• FOV

OBSERVATION NOTES

- DATE
- TIME
- LOCATION
- GPS
- OBSERVER

SKY CONDITIONS

CLEAR 1 2 3 4 5 MISTY

FINDER

EQUIPMENT & TOOLS

- EP
- FILTER
- MAG
- FOV

- EP
- FILTER
- MAG
- FOV

OBSERVATION NOTES

DATE

TIME

LOCATION

GPS

OBSERVER

SKY CONDITIONS

CLEAR 1   2   3   4   5   MISTY

EQUIPMENT & TOOLS

FINDER

- EP
- MAG
- FILTER
- FOV

- EP
- MAG
- FILTER
- FOV

OBSERVATION NOTES

DATE

TIME

LOCATION

GPS

OBSERVER

SKY CONDITIONS

CLEAR 1 2 3 4 5 MISTY

EQUIPMENT & TOOLS

FINDER

- EP
- MAG
- FILTER
- FOV

- EP
- MAG
- FILTER
- FOV

OBSERVATION NOTES

📅 **DATE**	
🕐 **TIME**	
📍 **LOCATION**	
🧭 **GPS**	
🔭 **OBSERVER**	

SKY CONDITIONS

🌙 1   2   3   4   5 ☁️
CLEAR   MISTY

EQUIPMENT & TOOLS

FINDER

• EP	• MAG
• FILTER	• FOV

• EP	• MAG
• FILTER	• FOV

OBSERVATION NOTES

DATE

TIME

LOCATION

GPS

OBSERVER

SKY CONDITIONS

CLEAR 1 2 3 4 5 MISTY

EQUIPMENT & TOOLS

FINDER

- EP
- MAG
- FILTER
- FOV

- EP
- MAG
- FILTER
- FOV

OBSERVATION NOTES

- **DATE**
- **TIME**
- **LOCATION**
- **GPS**
- **OBSERVER**

SKY CONDITIONS

CLEAR 1 2 3 4 5 MISTY

FINDER

EQUIPMENT & TOOLS

- EP
- MAG
- FILTER
- FOV

- EP
- MAG
- FILTER
- FOV

OBSERVATION NOTES

	DATE
	TIME
	LOCATION
	GPS
	OBSERVER

SKY CONDITIONS

CLEAR 1 2 3 4 5 MISTY

EQUIPMENT & TOOLS

FINDER

- EP
- FILTER
- MAG
- FOV

- EP
- FILTER
- MAG
- FOV

OBSERVATION NOTES

DATE

TIME

LOCATION

GPS

OBSERVER

SKY CONDITIONS

CLEAR 1 2 3 4 5 MISTY

EQUIPMENT & TOOLS

FINDER

- EP
- MAG
- FILTER
- FOV

- EP
- MAG
- FILTER
- FOV

OBSERVATION NOTES

- DATE
- TIME
- LOCATION
- GPS
- OBSERVER

SKY CONDITIONS

CLEAR 1 2 3 4 5 MISTY

EQUIPMENT & TOOLS

FINDER

- EP
- FILTER
- MAG
- FOV

- EP
- FILTER
- MAG
- FOV

OBSERVATION NOTES

📅 **DATE**	
🕐 **TIME**	
📍 **LOCATION**	
🧭 **GPS**	
🔭 **OBSERVER**	

SKY CONDITIONS

🌙 1   2   3   4   5 ☁️
CLEAR ○ ○ ○ ○ ○ MISTY

EQUIPMENT & TOOLS

FINDER

• EP	• MAG
• FILTER	• FOV

• EP	• MAG
• FILTER	• FOV

OBSERVATION NOTES

📅 **DATE**	
🕐 **TIME**	
📍 **LOCATION**	
🧭 **GPS**	
🔭 **OBSERVER**	

SKY CONDITIONS

CLEAR 1 2 3 4 5 MISTY

FINDER

EQUIPMENT & TOOLS

• EP	• MAG
• FILTER	• FOV

• EP	• MAG
• FILTER	• FOV

OBSERVATION NOTES

📅 DATE	
🕐 TIME	
📍 LOCATION	
🧭 GPS	
🔭 OBSERVER	

SKY CONDITIONS

CLEAR 1 2 3 4 5 MISTY

EQUIPMENT & TOOLS

FINDER

	EP		MAG
	FILTER		FOV

	EP		MAG
	FILTER		FOV

OBSERVATION NOTES

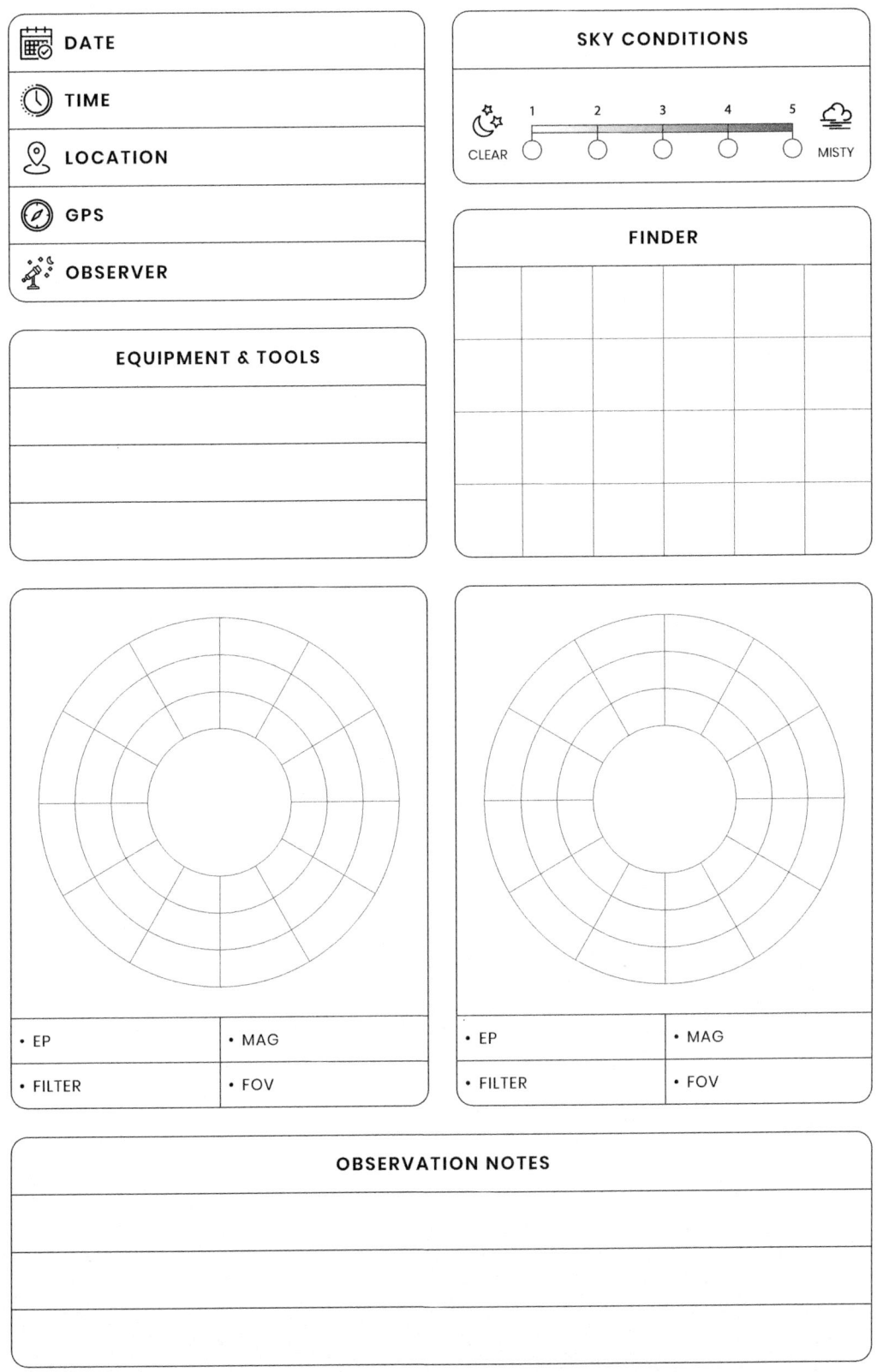

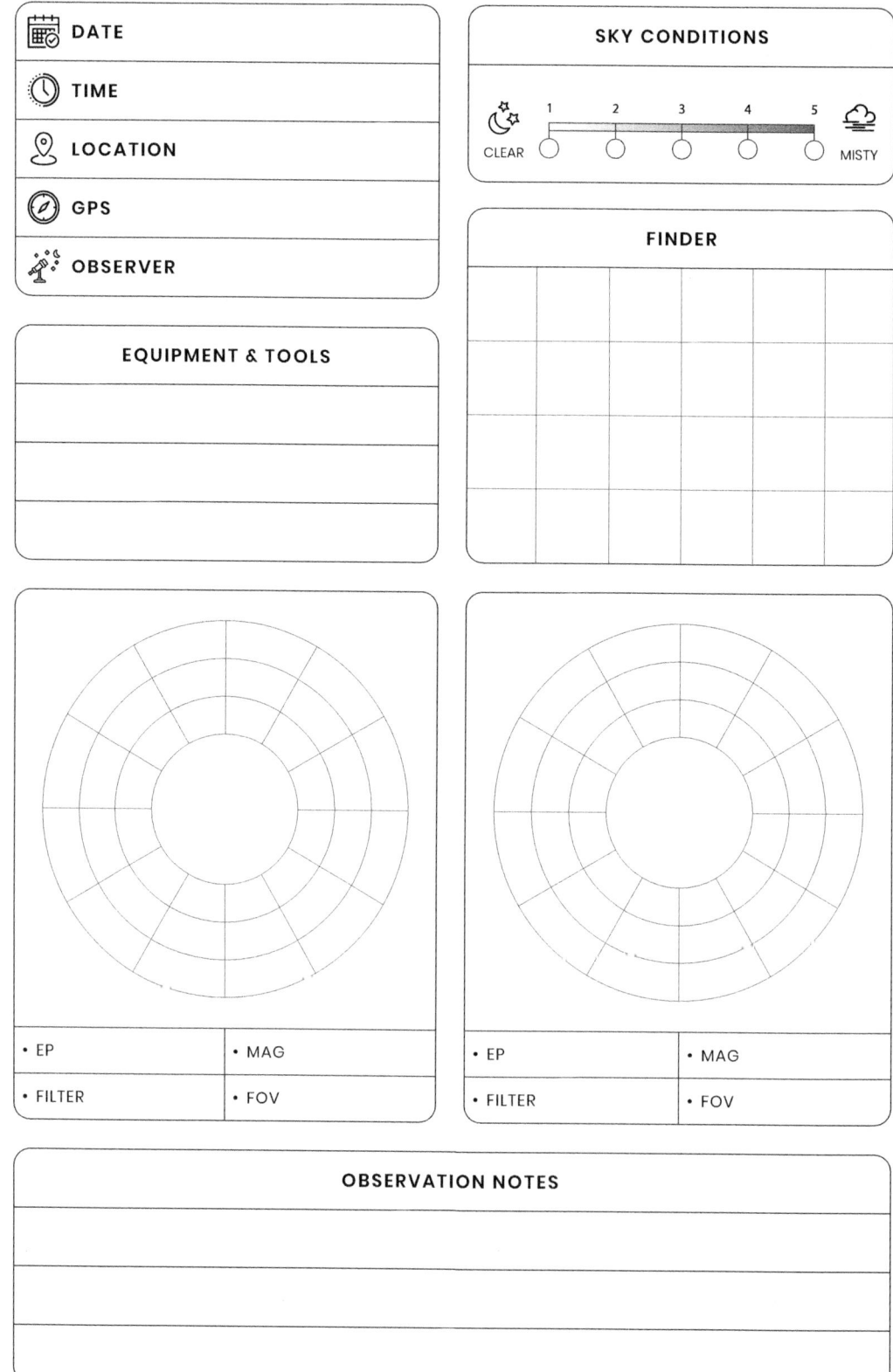

📅 **DATE**	
🕐 **TIME**	
📍 **LOCATION**	
🧭 **GPS**	
🔭 **OBSERVER**	

SKY CONDITIONS

CLEAR 1 2 3 4 5 MISTY

FINDER

EQUIPMENT & TOOLS

- EP
- FILTER
- MAG
- FOV

- EP
- FILTER
- MAG
- FOV

OBSERVATION NOTES

DATE

TIME

LOCATION

GPS

OBSERVER

SKY CONDITIONS

CLEAR 1 2 3 4 5 MISTY

EQUIPMENT & TOOLS

FINDER

• EP	• MAG
• FILTER	• FOV

• EP	• MAG
• FILTER	• FOV

OBSERVATION NOTES

DATE

TIME

LOCATION

GPS

OBSERVER

SKY CONDITIONS

CLEAR 1 2 3 4 5 MISTY

FINDER

EQUIPMENT & TOOLS

- EP
- FILTER
- MAG
- FOV

- EP
- FILTER
- MAG
- FOV

OBSERVATION NOTES

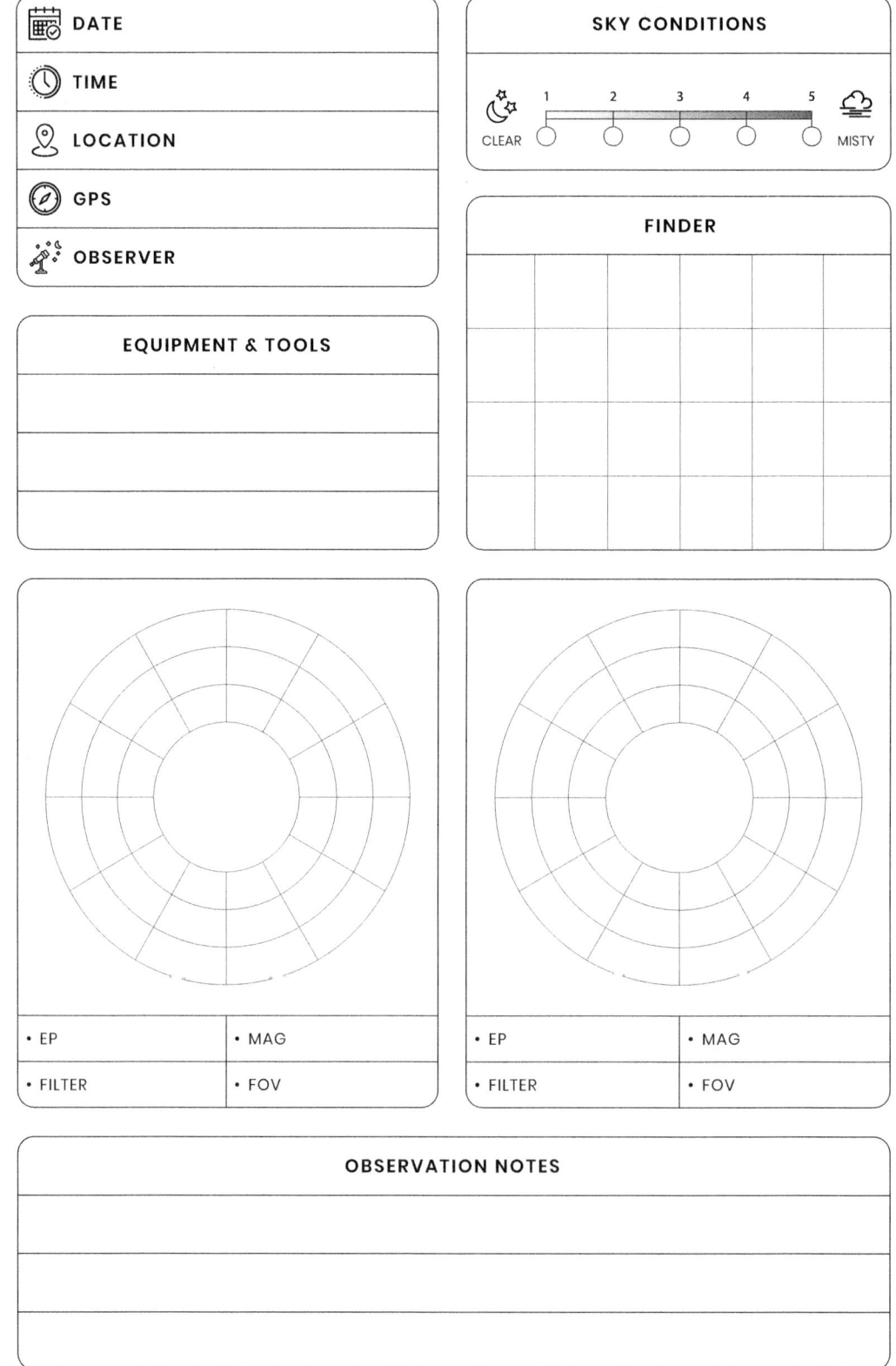

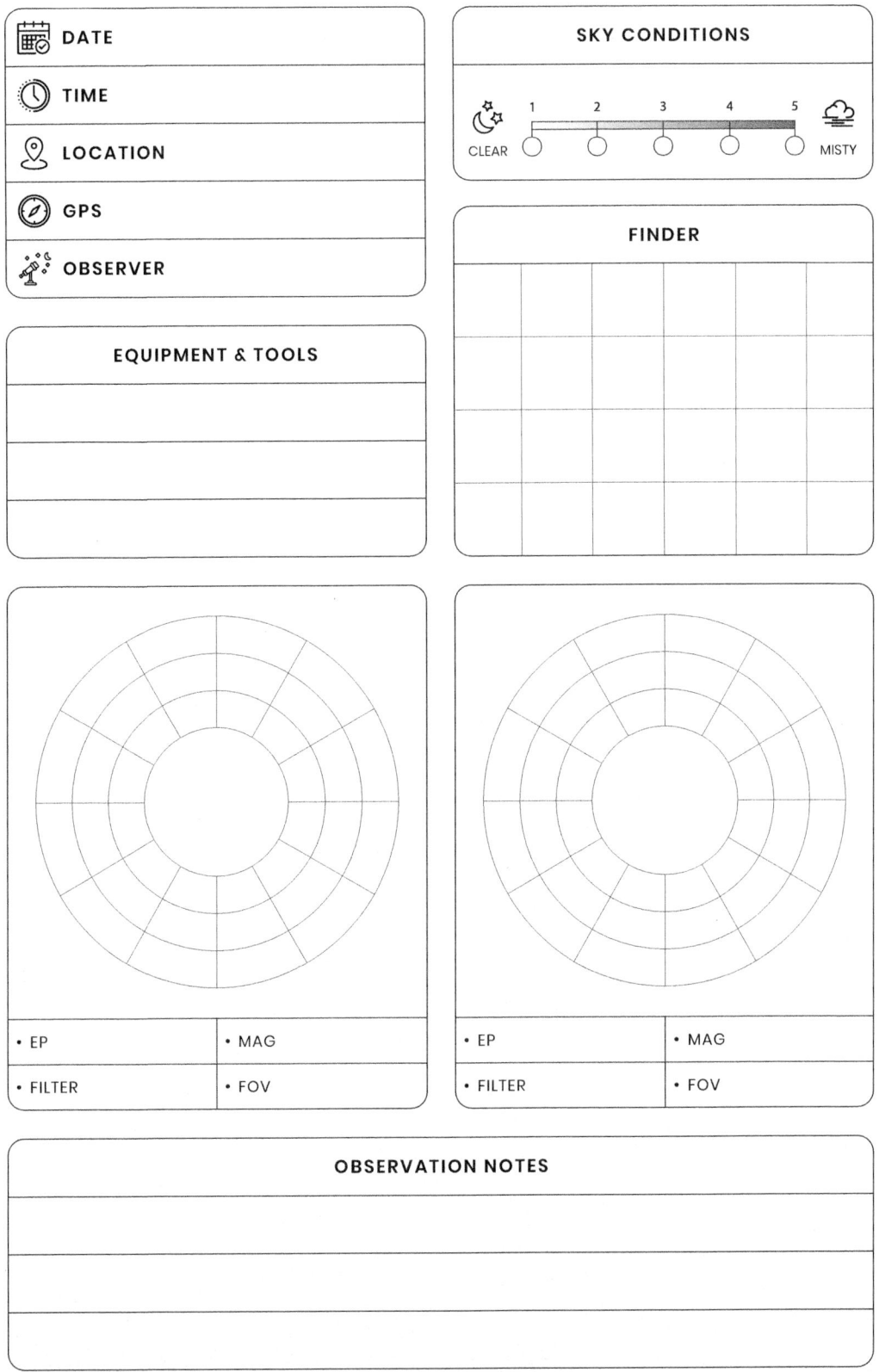

📅	**DATE**
🕐	**TIME**
📍	**LOCATION**
🧭	**GPS**
🔭	**OBSERVER**

SKY CONDITIONS

🌙 1   2   3   4   5 ☁️
CLEAR ○ ○ ○ ○ ○ MISTY

EQUIPMENT & TOOLS

FINDER

• EP	• MAG
• FILTER	• FOV

• EP	• MAG
• FILTER	• FOV

OBSERVATION NOTES

- DATE
- TIME
- LOCATION
- GPS
- OBSERVER

SKY CONDITIONS

CLEAR 1 2 3 4 5 MISTY

FINDER

EQUIPMENT & TOOLS

- EP
- MAG
- FILTER
- FOV

- EP
- MAG
- FILTER
- FOV

OBSERVATION NOTES

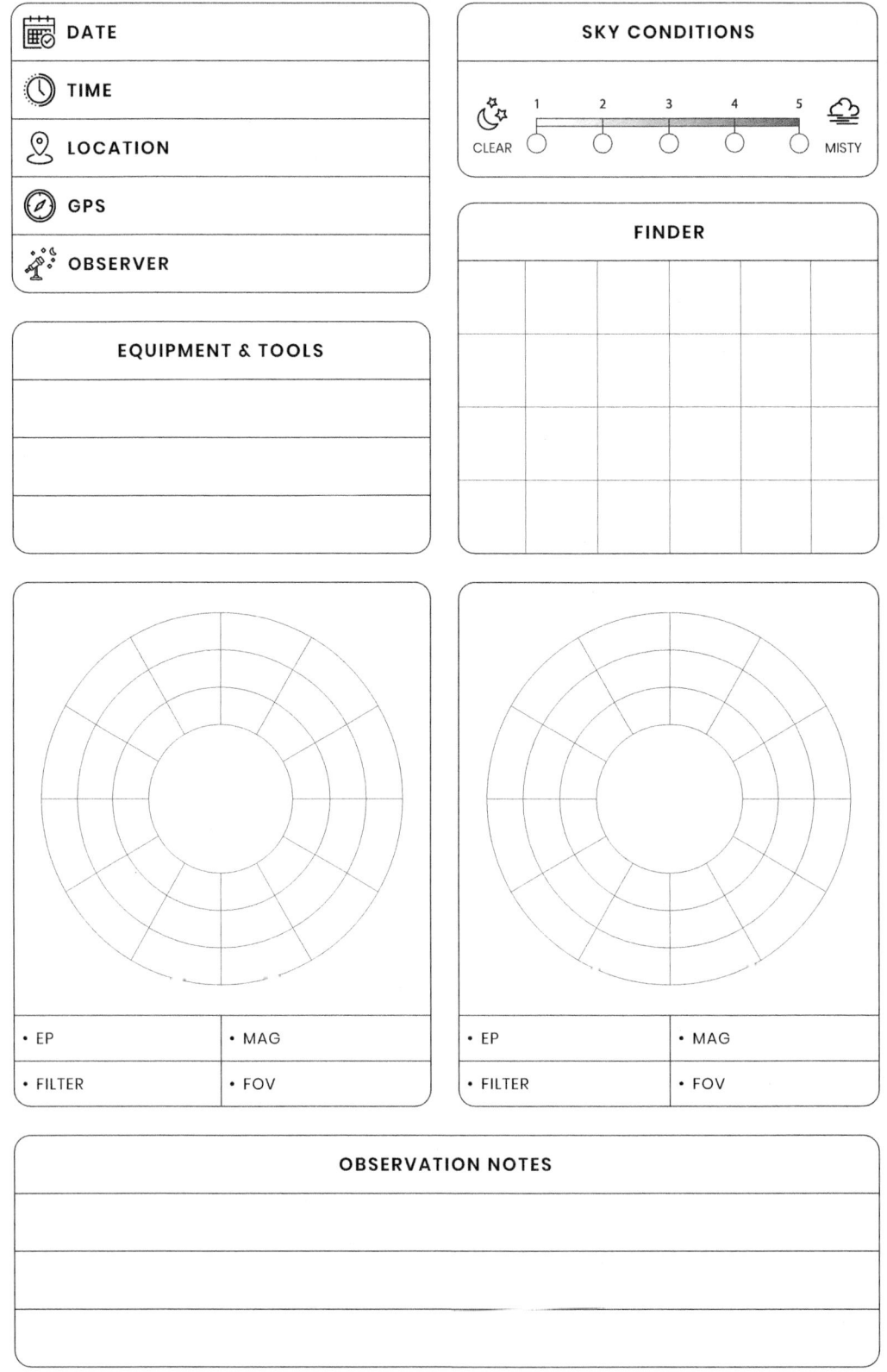

DATE

TIME

LOCATION

GPS

OBSERVER

SKY CONDITIONS

CLEAR 1 2 3 4 5 MISTY

FINDER

EQUIPMENT & TOOLS

- EP
- FILTER
- MAG
- FOV

- EP
- FILTER
- MAG
- FOV

OBSERVATION NOTES

	DATE
	TIME
	LOCATION
	GPS
	OBSERVER

SKY CONDITIONS

CLEAR 1 2 3 4 5 MISTY

EQUIPMENT & TOOLS

FINDER

• EP	• MAG
• FILTER	• FOV

• EP	• MAG
• FILTER	• FOV

OBSERVATION NOTES

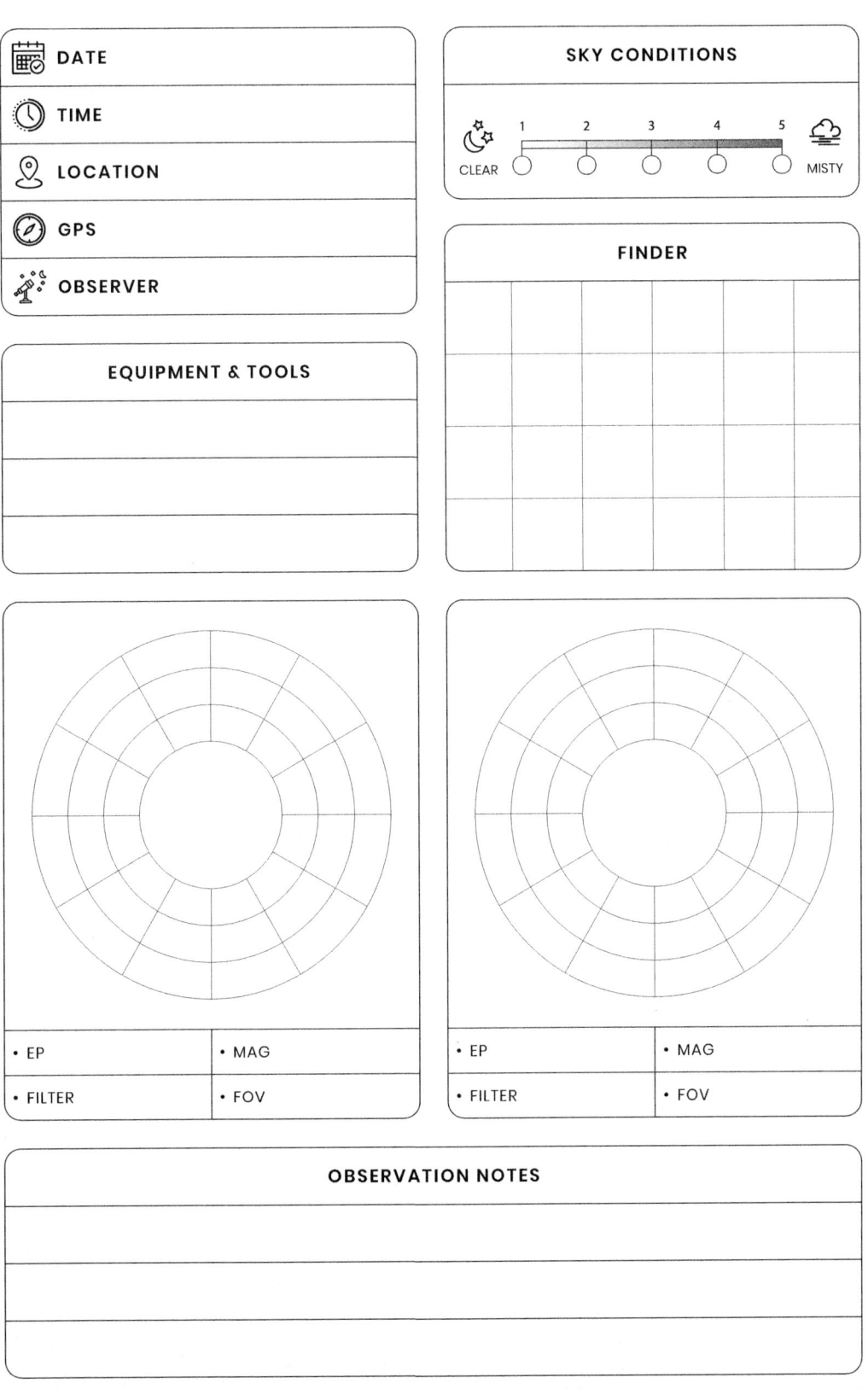

DATE

TIME

LOCATION

GPS

OBSERVER

SKY CONDITIONS

CLEAR 1 2 3 4 5 MISTY

FINDER

EQUIPMENT & TOOLS

- EP
- MAG
- FILTER
- FOV

- EP
- MAG
- FILTER
- FOV

OBSERVATION NOTES

- DATE
- TIME
- LOCATION
- GPS
- OBSERVER

SKY CONDITIONS

CLEAR 1 2 3 4 5 MISTY

FINDER

EQUIPMENT & TOOLS

- EP
- MAG
- FILTER
- FOV

- EP
- MAG
- FILTER
- FOV

OBSERVATION NOTES

📅	**DATE**
🕐	**TIME**
📍	**LOCATION**
🧭	**GPS**
🔭	**OBSERVER**

SKY CONDITIONS

CLEAR 1 2 3 4 5 MISTY

EQUIPMENT & TOOLS

FINDER

- EP
- MAG
- FILTER
- FOV

- EP
- MAG
- FILTER
- FOV

OBSERVATION NOTES

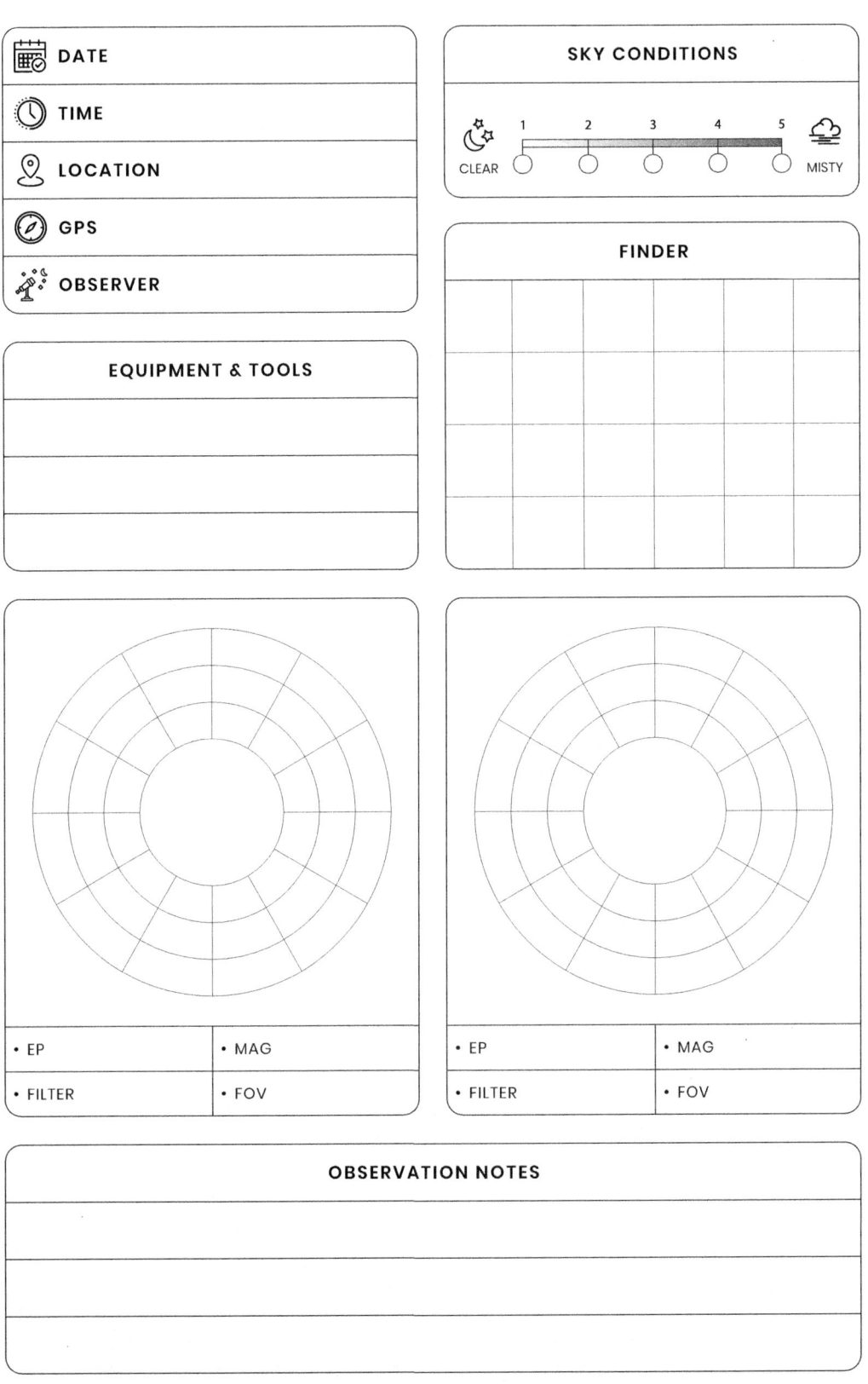

DATE
TIME
LOCATION
GPS
OBSERVER

SKY CONDITIONS

CLEAR 1 2 3 4 5 MISTY

EQUIPMENT & TOOLS

FINDER

• EP	• MAG
• FILTER	• FOV

• EP	• MAG
• FILTER	• FOV

OBSERVATION NOTES

DATE

TIME

LOCATION

GPS

OBSERVER

SKY CONDITIONS

CLEAR   1   2   3   4   5   MISTY

FINDER

EQUIPMENT & TOOLS

- EP
- FILTER
- MAG
- FOV

- EP
- FILTER
- MAG
- FOV

OBSERVATION NOTES

DATE

TIME

LOCATION

GPS

OBSERVER

SKY CONDITIONS

CLEAR 1 2 3 4 5 MISTY

FINDER

EQUIPMENT & TOOLS

- EP
- FILTER
- MAG
- FOV

- EP
- FILTER
- MAG
- FOV

OBSERVATION NOTES

DATE

TIME

LOCATION

GPS

OBSERVER

SKY CONDITIONS

CLEAR 1 2 3 4 5 MISTY

FINDER

EQUIPMENT & TOOLS

- EP
- FILTER
- MAG
- FOV

- EP
- FILTER
- MAG
- FOV

OBSERVATION NOTES

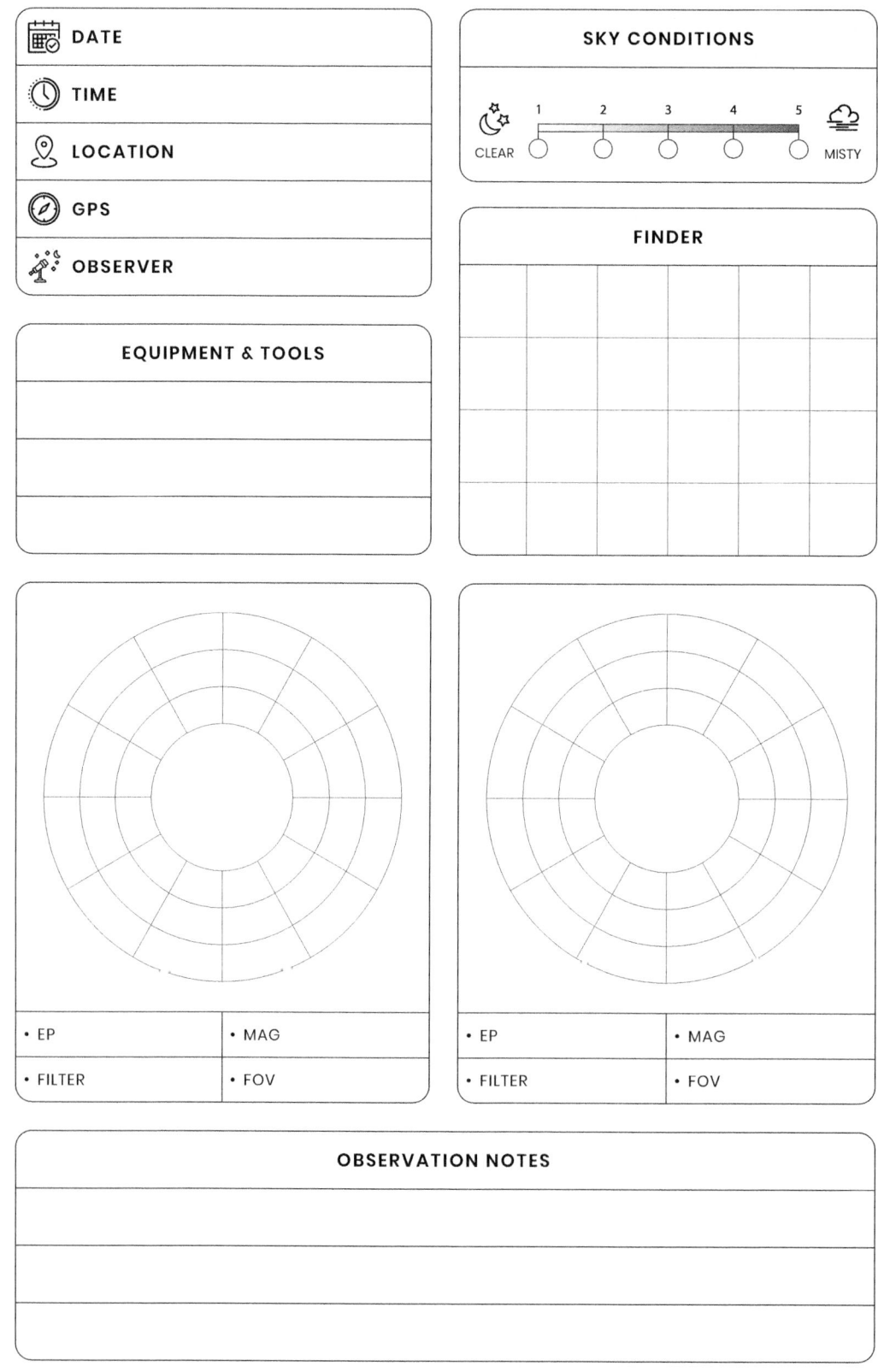

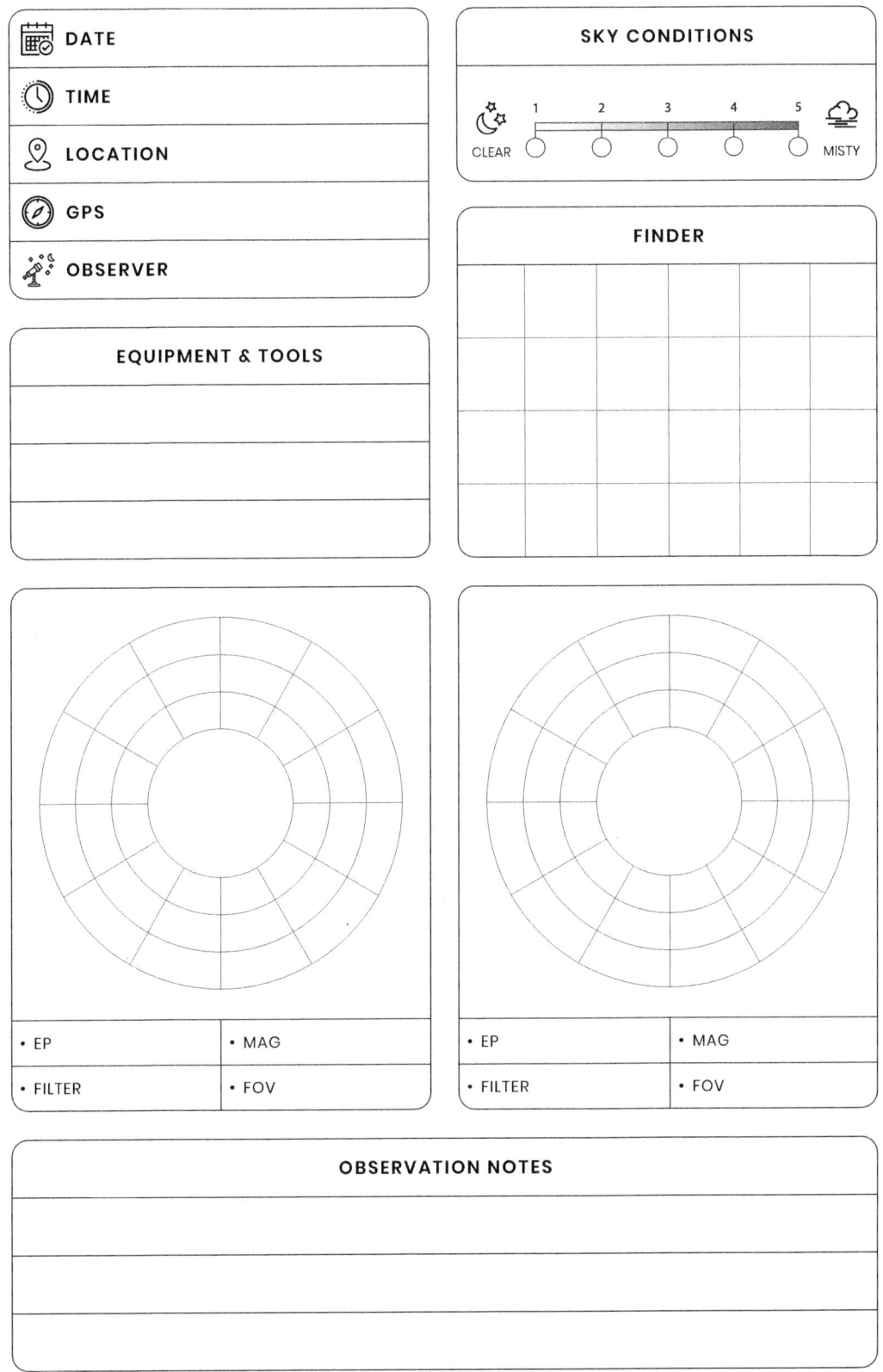

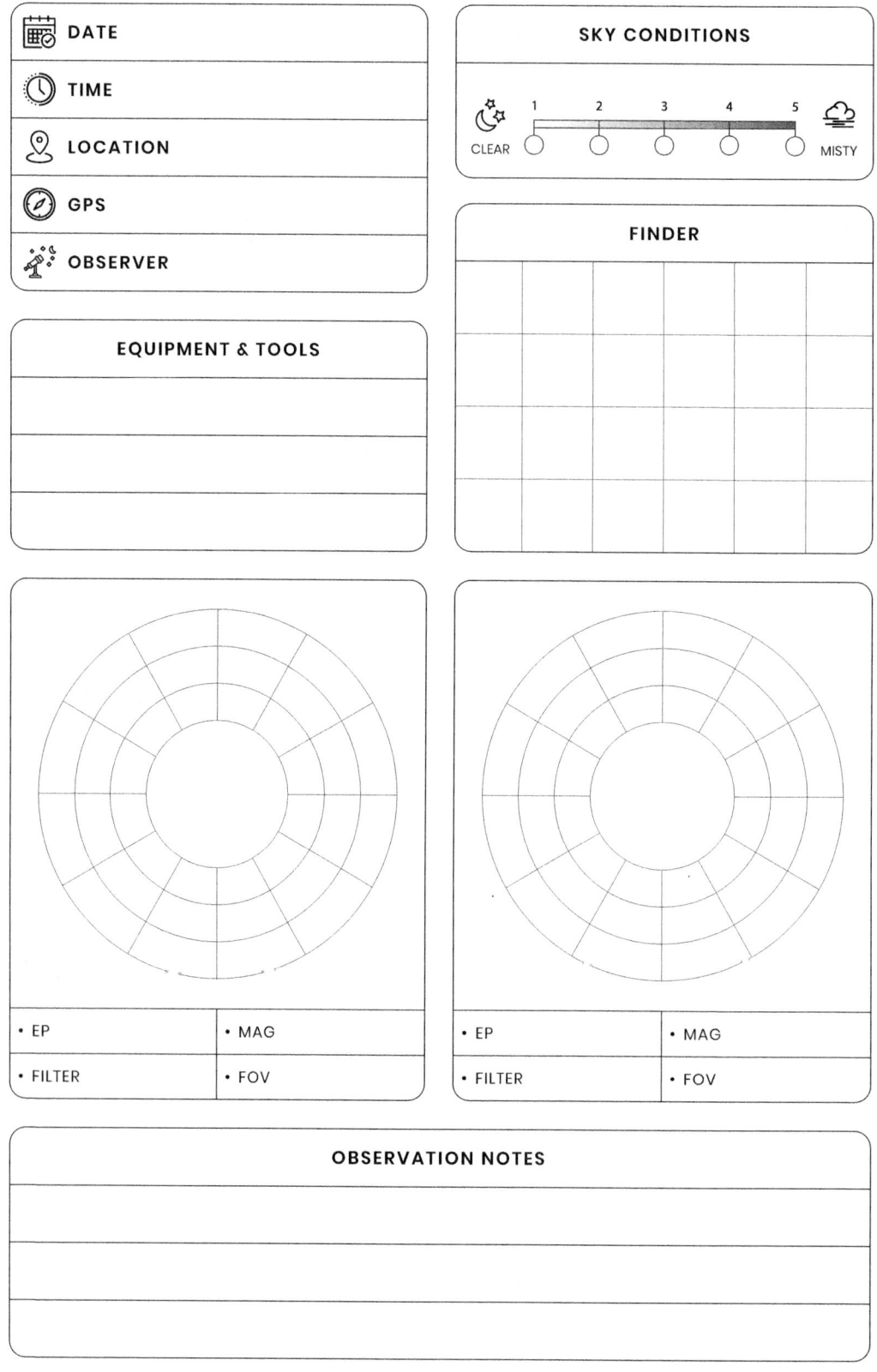

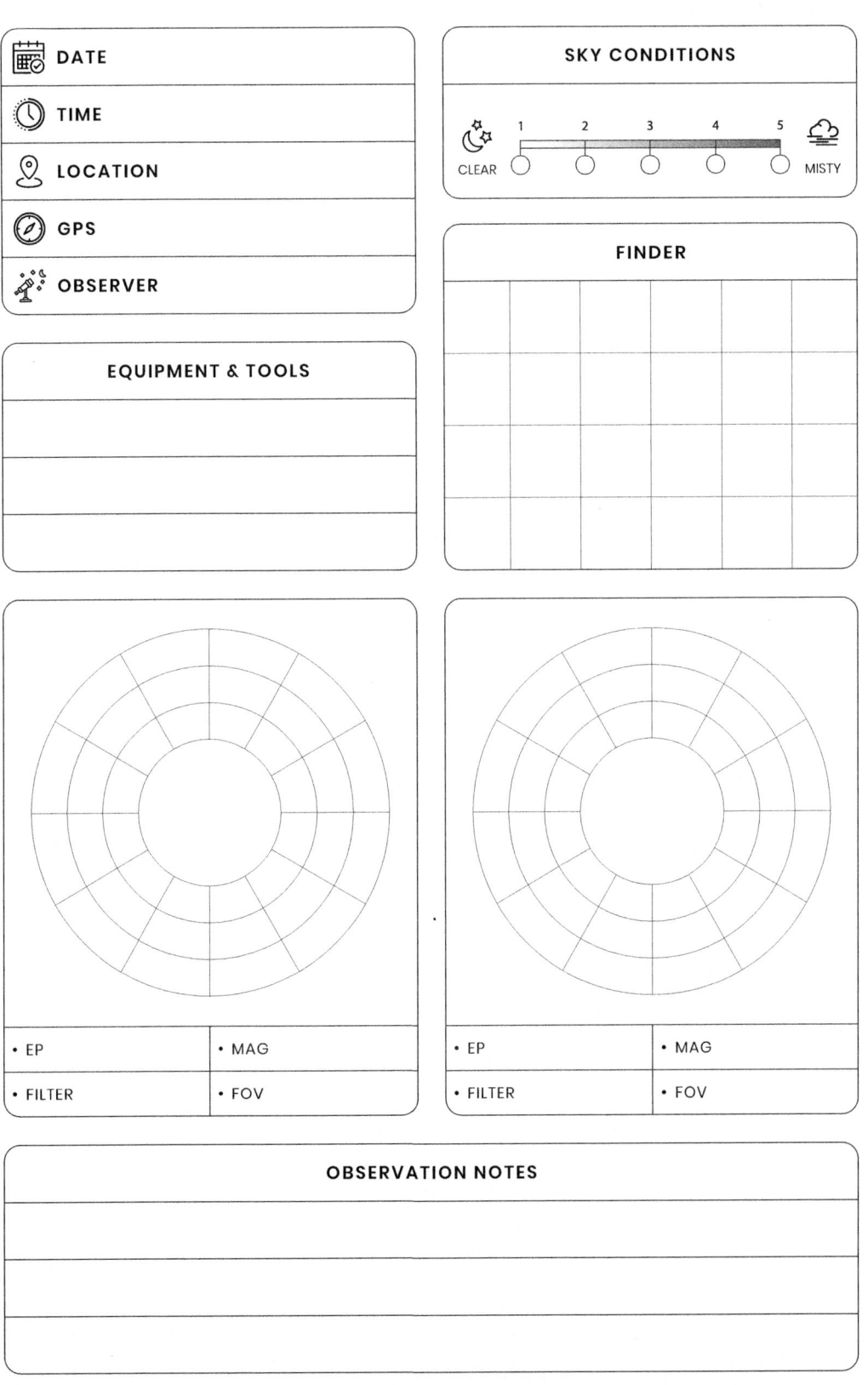

- DATE
- TIME
- LOCATION
- GPS
- OBSERVER

SKY CONDITIONS

CLEAR 1 2 3 4 5 MISTY

EQUIPMENT & TOOLS

FINDER

- EP
- MAG
- FILTER
- FOV

- EP
- MAG
- FILTER
- FOV

OBSERVATION NOTES

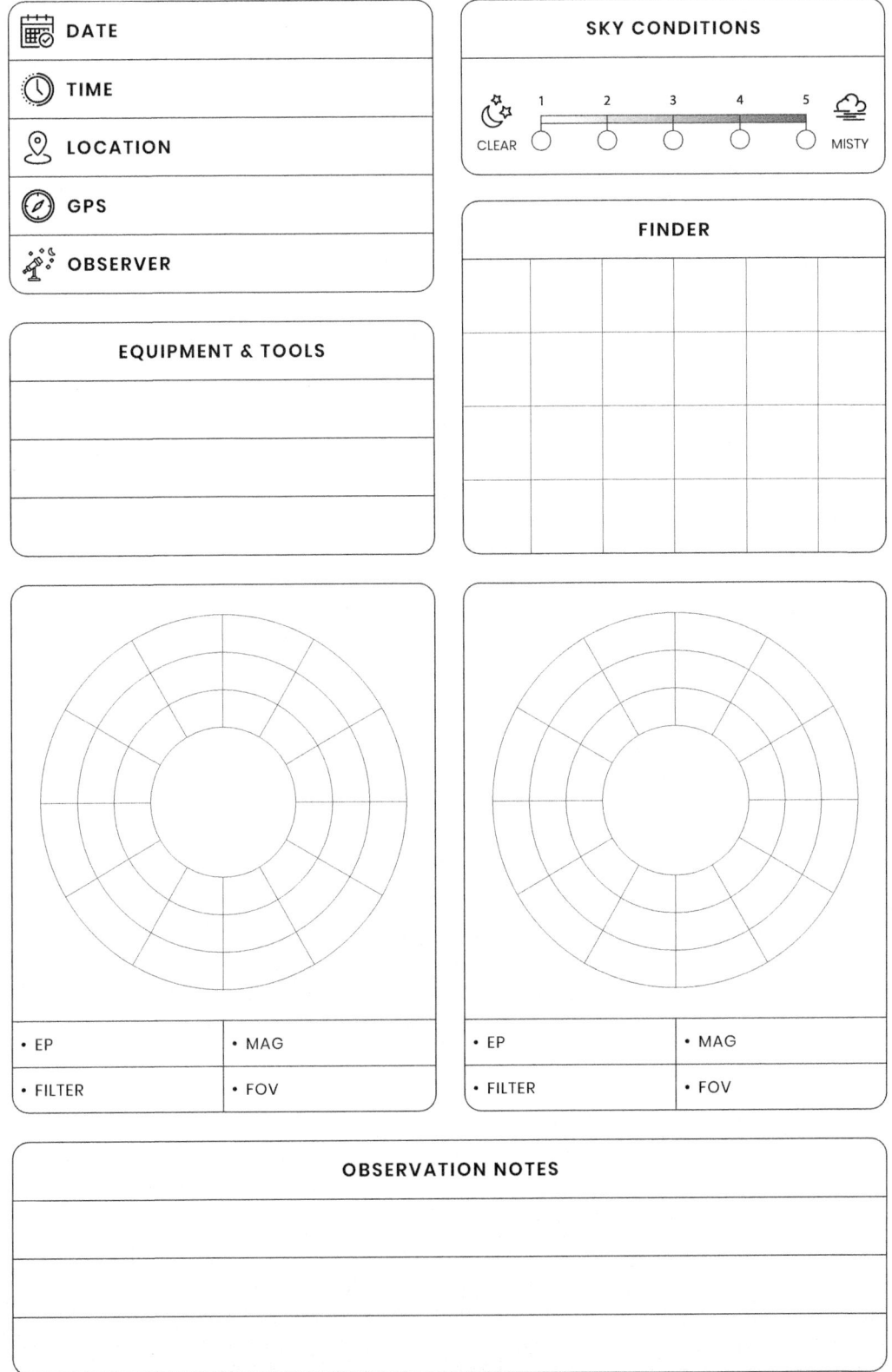

📅	**DATE**
🕐	**TIME**
📍	**LOCATION**
🧭	**GPS**
🔭	**OBSERVER**

SKY CONDITIONS

CLEAR 1 2 3 4 5 MISTY

EQUIPMENT & TOOLS

FINDER

- EP
- FILTER
- MAG
- FOV

- EP
- FILTER
- MAG
- FOV

OBSERVATION NOTES

- DATE
- TIME
- LOCATION
- GPS
- OBSERVER

SKY CONDITIONS

CLEAR 1 2 3 4 5 MISTY

FINDER

EQUIPMENT & TOOLS

• EP	• MAG
• FILTER	• FOV

• EP	• MAG
• FILTER	• FOV

OBSERVATION NOTES

📅 **DATE**	
🕐 **TIME**	
📍 **LOCATION**	
🧭 **GPS**	
🔭 **OBSERVER**	

SKY CONDITIONS

🌙 1   2   3   4   5 ☁️
CLEAR ○   ○   ○   ○   ○ MISTY

EQUIPMENT & TOOLS

FINDER

	EP		MAG
	FILTER		FOV

	EP		MAG
	FILTER		FOV

OBSERVATION NOTES

📅	**DATE**
🕐	**TIME**
📍	**LOCATION**
🧭	**GPS**
🔭	**OBSERVER**

SKY CONDITIONS

CLER 1 2 3 4 5 MISTY

EQUIPMENT & TOOLS

FINDER

	EP		MAG
	FILTER		FOV

	EP		MAG
	FILTER		FOV

OBSERVATION NOTES

DATE

TIME

LOCATION

GPS

OBSERVER

SKY CONDITIONS

CLEAR 1 2 3 4 5 MISTY

FINDER

EQUIPMENT & TOOLS

- EP
- MAG
- FILTER
- FOV

- EP
- MAG
- FILTER
- FOV

OBSERVATION NOTES

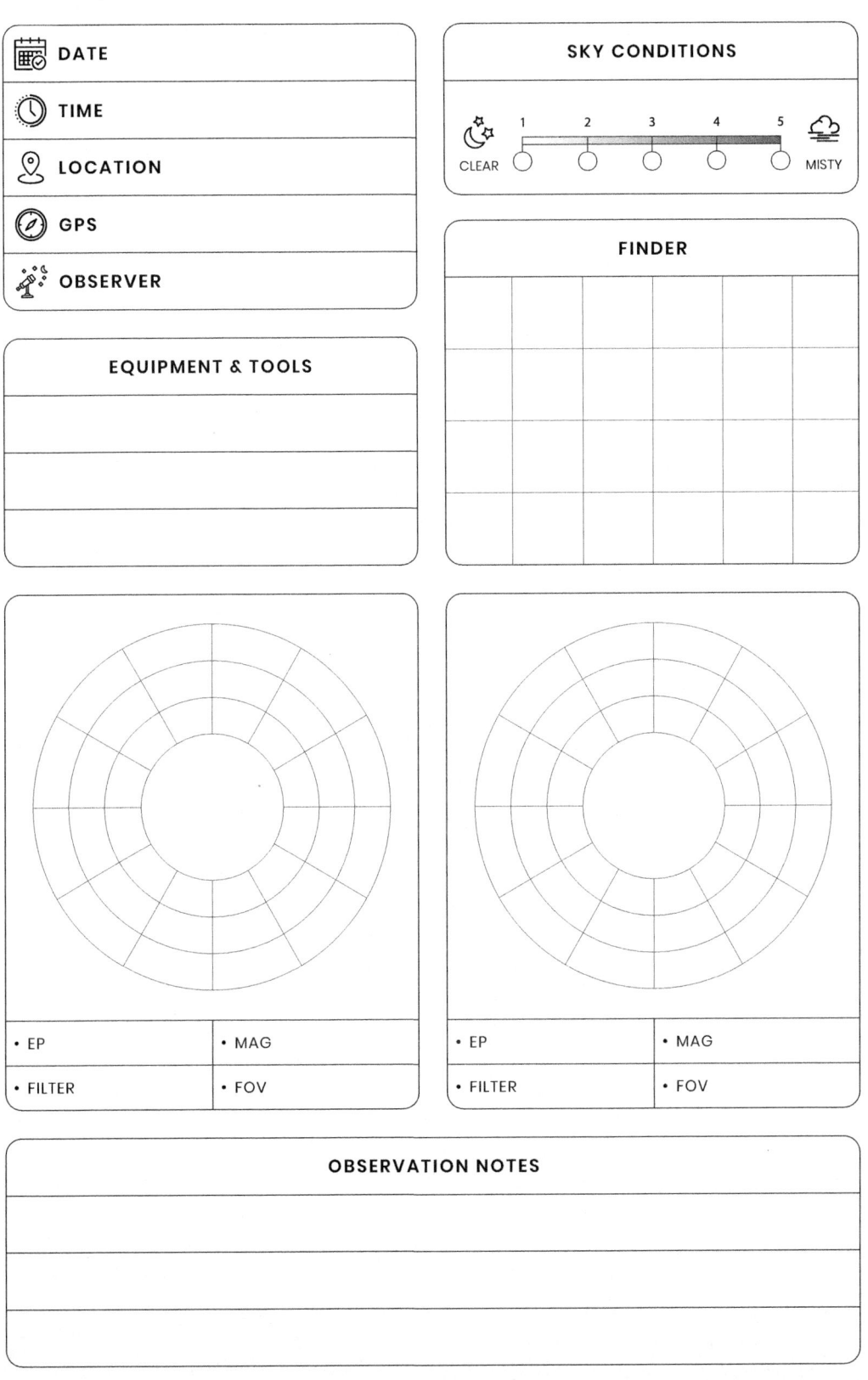

DATE

TIME

LOCATION

GPS

OBSERVER

SKY CONDITIONS

CLEAR 1 2 3 4 5 MISTY

FINDER

EQUIPMENT & TOOLS

- EP
- MAG
- FILTER
- FOV

- EP
- MAG
- FILTER
- FOV

OBSERVATION NOTES

- **DATE**
- **TIME**
- **LOCATION**
- **GPS**
- **OBSERVER**

SKY CONDITIONS

CLEAR 1 2 3 4 5 MISTY

EQUIPMENT & TOOLS

FINDER

- EP
- MAG
- FILTER
- FOV

- EP
- MAG
- FILTER
- FOV

OBSERVATION NOTES

DATE

TIME

LOCATION

GPS

OBSERVER

SKY CONDITIONS

CLEAR 1 2 3 4 5 MISTY

EQUIPMENT & TOOLS

FINDER

- EP
- FILTER
- MAG
- FOV

- EP
- FILTER
- MAG
- FOV

OBSERVATION NOTES

- DATE
- TIME
- LOCATION
- GPS
- OBSERVER

SKY CONDITIONS

CLEAR 1 2 3 4 5 MISTY

FINDER

EQUIPMENT & TOOLS

- EP
- FILTER
- MAG
- FOV

- EP
- FILTER
- MAG
- FOV

OBSERVATION NOTES

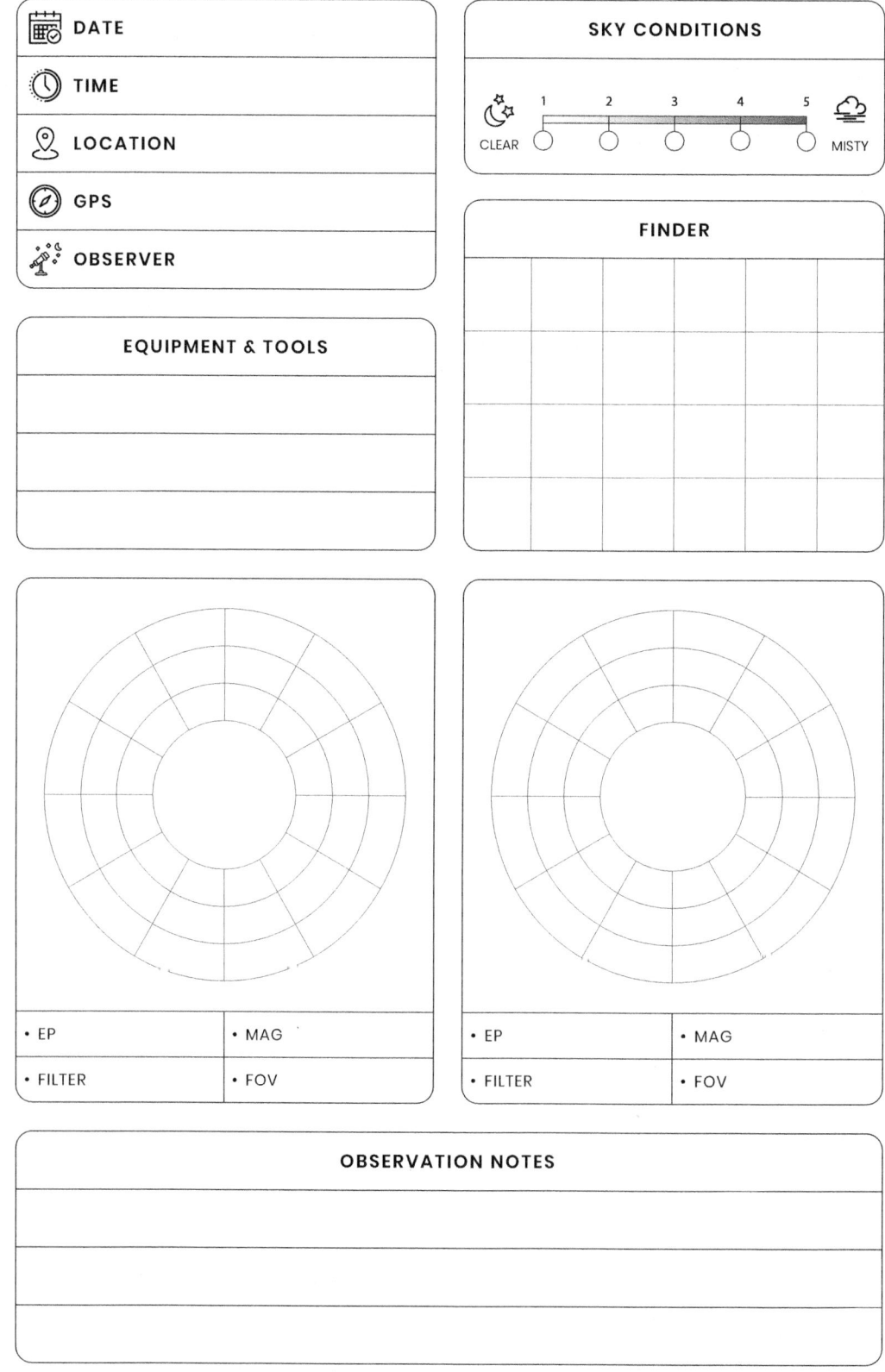

📅	**DATE**
🕐	**TIME**
📍	**LOCATION**
🧭	**GPS**
🔭	**OBSERVER**

SKY CONDITIONS

🌙✨ 1   2   3   4   5 ☁️
CLEAR ⭕ ⭕ ⭕ ⭕ ⭕ MISTY

EQUIPMENT & TOOLS

FINDER

- EP
- MAG
- FILTER
- FOV

- EP
- MAG
- FILTER
- FOV

OBSERVATION NOTES

📅	**DATE**
🕐	**TIME**
📍	**LOCATION**
🧭	**GPS**
🔭	**OBSERVER**

SKY CONDITIONS

🌙 1 — 2 — 3 — 4 — 5 ☁️
CLEAR ○ ○ ○ ○ ○ MISTY

EQUIPMENT & TOOLS

FINDER

	EP		MAG
	FILTER		FOV

	EP		MAG
	FILTER		FOV

OBSERVATION NOTES

DATE

TIME

LOCATION

GPS

OBSERVER

SKY CONDITIONS

CLEAR 1 2 3 4 5 MISTY

FINDER

EQUIPMENT & TOOLS

- EP
- MAG
- FILTER
- FOV

- EP
- MAG
- FILTER
- FOV

OBSERVATION NOTES

	DATE
	TIME
	LOCATION
	GPS
	OBSERVER

SKY CONDITIONS

CLEAR 1   2   3   4   5 MISTY

EQUIPMENT & TOOLS

FINDER

• EP	• MAG
• FILTER	• FOV

• EP	• MAG
• FILTER	• FOV

OBSERVATION NOTES

📅	**DATE**
🕐	**TIME**
📍	**LOCATION**
🧭	**GPS**
🔭	**OBSERVER**

SKY CONDITIONS

🌙 1   2   3   4   5 ☁️
CLEAR ○   ○   ○   ○   ○ MISTY

EQUIPMENT & TOOLS

FINDER

• EP	• MAG
• FILTER	• FOV

• EP	• MAG
• FILTER	• FOV

OBSERVATION NOTES

- DATE
- TIME
- LOCATION
- GPS
- OBSERVER

SKY CONDITIONS

CLEAR 1 2 3 4 5 MISTY

FINDER

EQUIPMENT & TOOLS

- EP
- FILTER
- MAG
- FOV

- EP
- FILTER
- MAG
- FOV

OBSERVATION NOTES

	DATE
	TIME
	LOCATION
	GPS
	OBSERVER

SKY CONDITIONS

CLEAR 1 2 3 4 5 MISTY

FINDER

EQUIPMENT & TOOLS

• EP	• MAG
• FILTER	• FOV

• EP	• MAG
• FILTER	• FOV

OBSERVATION NOTES

DATE

TIME

LOCATION

GPS

OBSERVER

SKY CONDITIONS

CLEAR 1 2 3 4 5 MISTY

EQUIPMENT & TOOLS

FINDER

• EP	• MAG
• FILTER	• FOV

• EP	• MAG
• FILTER	• FOV

OBSERVATION NOTES

📅 **DATE**	
🕐 **TIME**	
📍 **LOCATION**	
🧭 **GPS**	
🔭 **OBSERVER**	

SKY CONDITIONS

CLEAR 1 2 3 4 5 MISTY

EQUIPMENT & TOOLS

FINDER

	EP		MAG
	FILTER		FOV

	EP		MAG
	FILTER		FOV

OBSERVATION NOTES

📅	**DATE**
🕐	**TIME**
📍	**LOCATION**
🧭	**GPS**
🔭	**OBSERVER**

SKY CONDITIONS

🌙 1   2   3   4   5 ☁️
CLEAR ○   ○   ○   ○   ○ MISTY

EQUIPMENT & TOOLS

FINDER

• EP	• MAG
• FILTER	• FOV

• EP	• MAG
• FILTER	• FOV

OBSERVATION NOTES

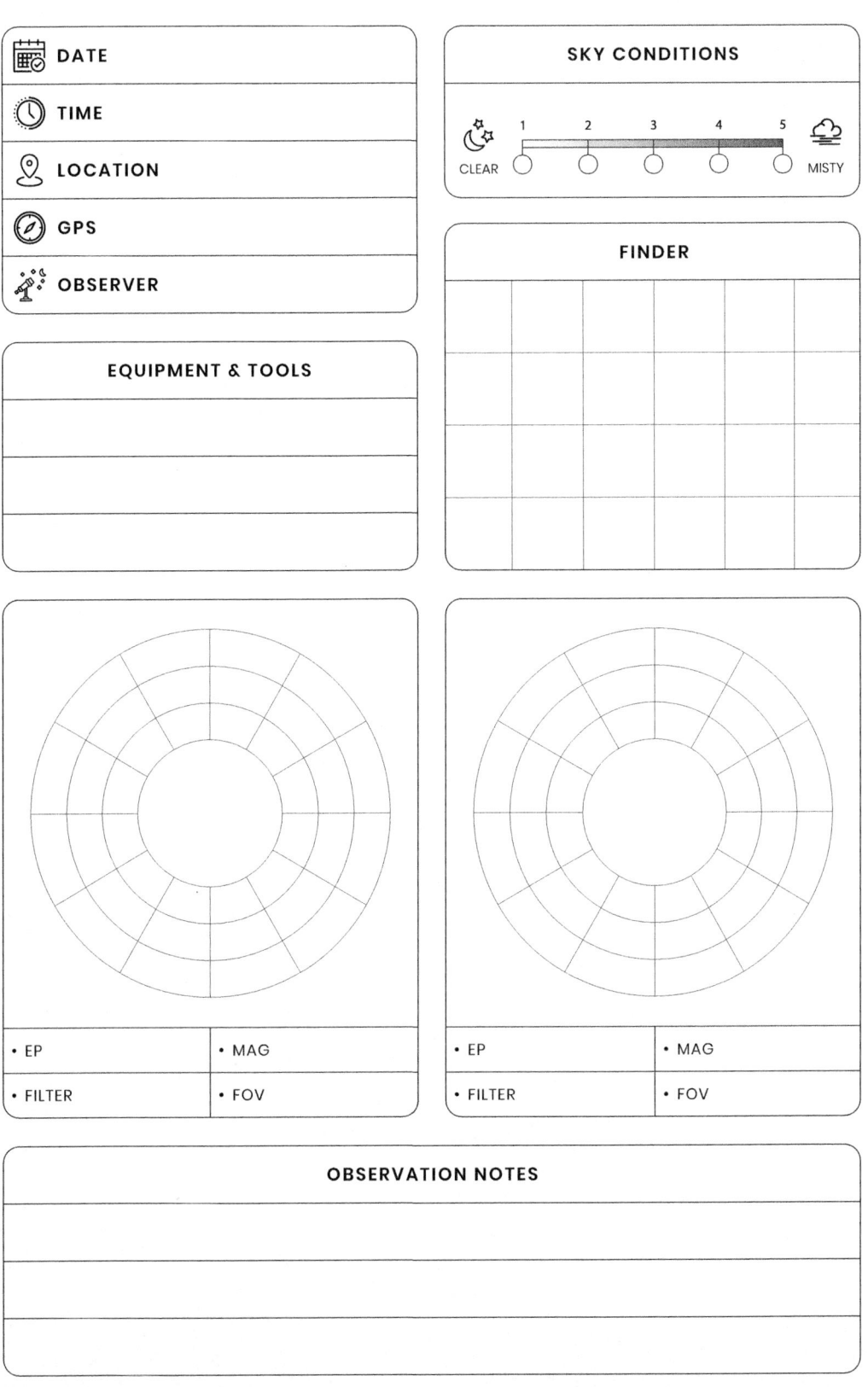

📅 **DATE**	
🕐 **TIME**	
📍 **LOCATION**	
🧭 **GPS**	
🔭 **OBSERVER**	

SKY CONDITIONS

CLEAR 1 2 3 4 5 MISTY

EQUIPMENT & TOOLS

FINDER

• EP	• MAG
• FILTER	• FOV

• EP	• MAG
• FILTER	• FOV

OBSERVATION NOTES

- DATE
- TIME
- LOCATION
- GPS
- OBSERVER

SKY CONDITIONS

CLEAR 1 2 3 4 5 MISTY

FINDER

EQUIPMENT & TOOLS

• EP	• MAG
• FILTER	• FOV

• EP	• MAG
• FILTER	• FOV

OBSERVATION NOTES

📅 **DATE**	
🕐 **TIME**	
📍 **LOCATION**	
🧭 **GPS**	
🔭 **OBSERVER**	

SKY CONDITIONS

🌙   1   2   3   4   5   🌫️
CLEAR   ◯   ◯   ◯   ◯   ◯   MISTY

EQUIPMENT & TOOLS

FINDER

- EP
- FILTER
- MAG
- FOV

- EP
- FILTER
- MAG
- FOV

OBSERVATION NOTES

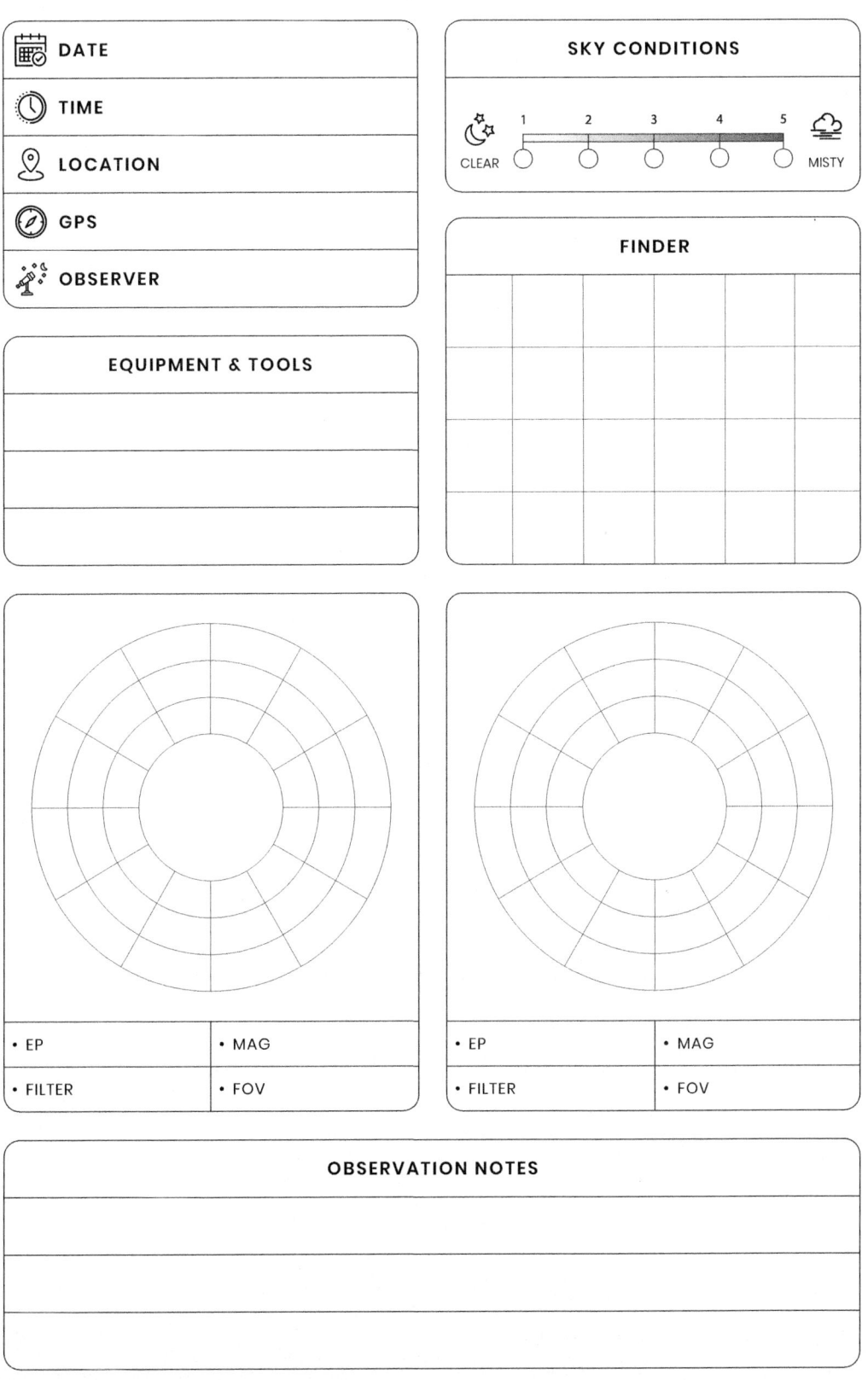

📅 **DATE**	
🕐 **TIME**	
📍 **LOCATION**	
🧭 **GPS**	
🔭 **OBSERVER**	

SKY CONDITIONS

CLEAR 1 2 3 4 5 MISTY

EQUIPMENT & TOOLS

FINDER

• EP	• MAG
• FILTER	• FOV

• EP	• MAG
• FILTER	• FOV

OBSERVATION NOTES

📅 **DATE**	
🕐 **TIME**	
📍 **LOCATION**	
🧭 **GPS**	
🔭 **OBSERVER**	

SKY CONDITIONS

CLEAR 1 2 3 4 5 MISTY

FINDER

EQUIPMENT & TOOLS

• EP	• MAG
• FILTER	• FOV

• EP	• MAG
• FILTER	• FOV

OBSERVATION NOTES

📅	**DATE**
🕐	**TIME**
📍	**LOCATION**
🧭	**GPS**
🔭	**OBSERVER**

SKY CONDITIONS

🌙 1 2 3 4 5 ☁️
CLEAR   MISTY

EQUIPMENT & TOOLS

FINDER

- EP
- FILTER
- MAG
- FOV

- EP
- FILTER
- MAG
- FOV

OBSERVATION NOTES

- **DATE**
- **TIME**
- **LOCATION**
- **GPS**
- **OBSERVER**

SKY CONDITIONS

CLEAR 1 2 3 4 5 MISTY

EQUIPMENT & TOOLS

FINDER

• EP	• MAG
• FILTER	• FOV

• EP	• MAG
• FILTER	• FOV

OBSERVATION NOTES

📅 **DATE**	
🕐 **TIME**	
📍 **LOCATION**	
🧭 **GPS**	
🔭 **OBSERVER**	

SKY CONDITIONS

1 — 2 — 3 — 4 — 5
CLEAR ○ ○ ○ ○ ○ MISTY

EQUIPMENT & TOOLS

FINDER

• EP	• MAG
• FILTER	• FOV

• EP	• MAG
• FILTER	• FOV

OBSERVATION NOTES

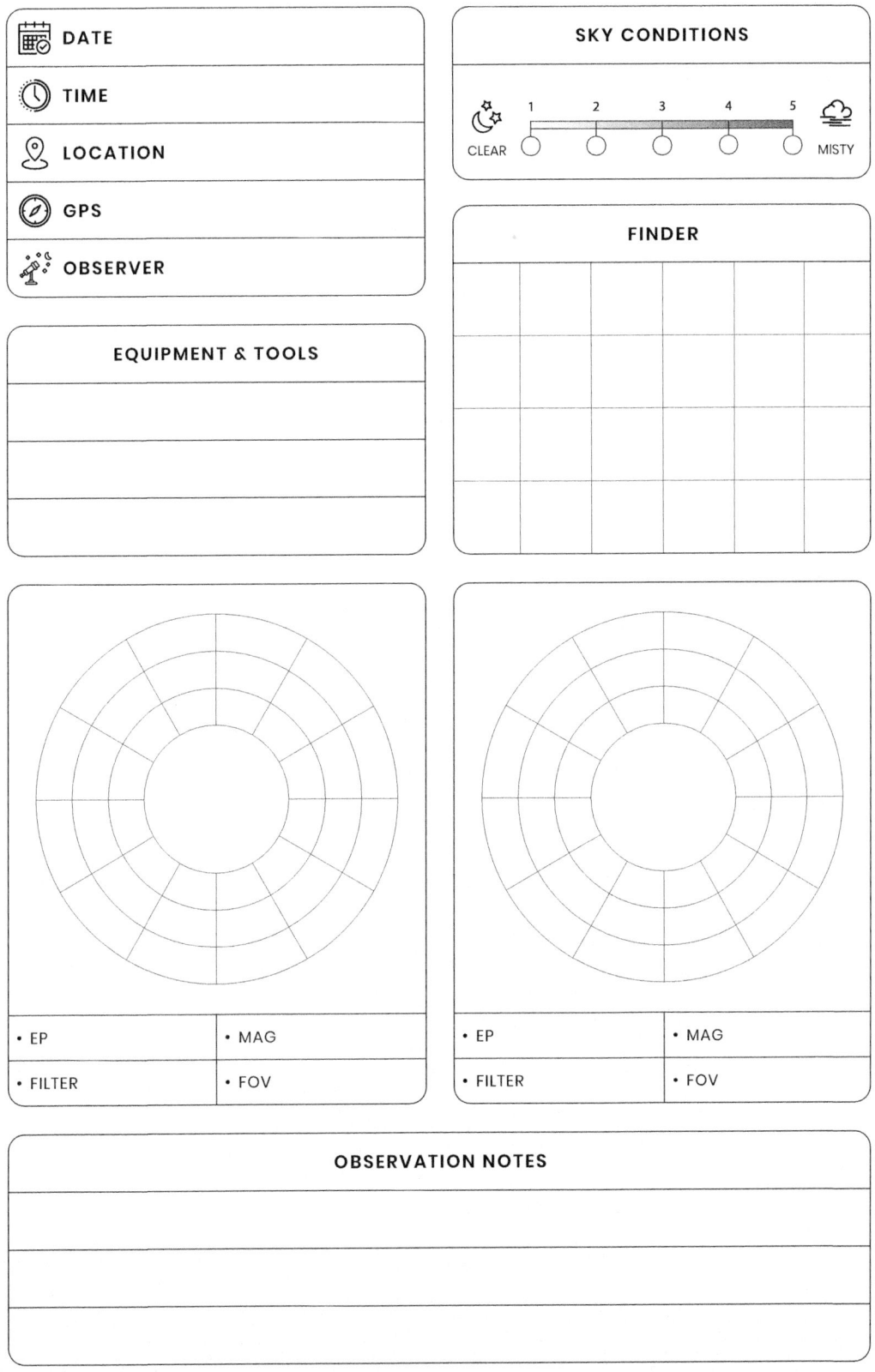

	DATE
	TIME
	LOCATION
	GPS
	OBSERVER

SKY CONDITIONS

CLEAR 1 2 3 4 5 MISTY

EQUIPMENT & TOOLS

FINDER

- EP
- MAG
- FILTER
- FOV

- EP
- MAG
- FILTER
- FOV

OBSERVATION NOTES

DATE

TIME

LOCATION

GPS

OBSERVER

SKY CONDITIONS

CLEAR 1 2 3 4 5 MISTY

FINDER

EQUIPMENT & TOOLS

- EP
- MAG
- FILTER
- FOV

- EP
- MAG
- FILTER
- FOV

OBSERVATION NOTES

- DATE
- TIME
- LOCATION
- GPS
- OBSERVER

SKY CONDITIONS

CLEAR 1 2 3 4 5 MISTY

FINDER

EQUIPMENT & TOOLS

- EP
- FILTER
- MAG
- FOV

- EP
- FILTER
- MAG
- FOV

OBSERVATION NOTES

📅 **DATE**	
🕐 **TIME**	
📍 **LOCATION**	
🧭 **GPS**	
🔭 **OBSERVER**	

SKY CONDITIONS

🌙 1 2 3 4 5 ☁️
CLEAR ○ ○ ○ ○ ○ MISTY

EQUIPMENT & TOOLS

FINDER

• EP	• MAG
• FILTER	• FOV

• EP	• MAG
• FILTER	• FOV

OBSERVATION NOTES

📅 **DATE**	
🕐 **TIME**	
📍 **LOCATION**	
🧭 **GPS**	
🔭 **OBSERVER**	

SKY CONDITIONS

🌙 1   2   3   4   5 ☁️
CLEAR ○   ○   ○   ○   ○ MISTY

EQUIPMENT & TOOLS

FINDER

- EP
- FILTER
- MAG
- FOV

- EP
- FILTER
- MAG
- FOV

OBSERVATION NOTES

DATE

TIME

LOCATION

GPS

OBSERVER

SKY CONDITIONS

	1	2	3	4	5	
CLEAR	○	○	○	○	○	MISTY

FINDER

EQUIPMENT & TOOLS

• EP	• MAG
• FILTER	• FOV

• EP	• MAG
• FILTER	• FOV

OBSERVATION NOTES

- **DATE**
- **TIME**
- **LOCATION**
- **GPS**
- **OBSERVER**

SKY CONDITIONS

CLEAR 1 2 3 4 5 MISTY

FINDER

EQUIPMENT & TOOLS

• EP	• MAG
• FILTER	• FOV

• EP	• MAG
• FILTER	• FOV

OBSERVATION NOTES